天工开物文化研究

赖 晨◎著

中国商业出版社

图书在版编目(CIP)数据

天工开物文化研究 / 赖晨著. —— 北京：中国商业
出版社，2024.11. —— ISBN 978-7-5208-3247-2

Ⅰ. N092

中国国家版本馆 CIP 数据核字第 2024ER8353 号

责任编辑:李 飞

(策划编辑:蔡 凯)

中国商业出版社出版发行

(www.zgsycb.com　100053　北京广安门内报国寺 1 号)

总编室:010－63180647　编辑室:010－83114579

发行部:010－83120835/8286

新华书店经销

北京市天河印刷厂印刷

＊

710 毫米×1000 毫米　16 开　19 印张　300 千字

2024 年 11 月第 1 版　2024 年 11 月第 1 次印刷

定价:58.00 元

＊　＊　＊　＊

(如有印装质量问题可更换)

序

正如习近平总书记所言:"中华优秀传统文化是中华文明的智慧结晶和精华所在,是中华民族的根和魂,是我们在世界文化激荡中站稳脚跟的根基……要用中华民族创造的一切精神财富来以文化人、以文育人。"①

江西新余市历史悠久,人文荟萃,是天工开物文化的诞生地与发祥地。崇祯十年(1637年),江西省袁州府分宜县教谕宋应星撰写的《天工开物》杀青并在南昌府刊印,该著作系统地记述了明末农业、手工业、矿冶业的技术及其科学方法,在我国古代科技史上具有重要地位,并在世界各国也产生了一定的影响,被誉为"17世纪的百科全书"。

从《天工开物》衍生出来的天工开物文化,是具有中国特色和世界意义的中华优秀传统文化的典型代表,它蕴藏着深刻的哲学内涵和广博的科学价值、人文价值、育人价值和时代价值,是中国式现代化的动力之源,为我们认识世界、改造世界提供许多有益的启迪。

天工开物文化不断在新余生根、发芽、开花,是新余值得自豪、富有挖掘价值、具有现实意义的本土主流有根文化,应不断得到传承与发扬。

也许是量子纠缠和心灵感应,我虽然是粤西高州人,但我和几千里之外的新余天工开物文化,却冥冥之中有着一定的渊源。

宋应星的兄长宋应升曾在我的故乡任职五六年之久。崇祯七年(1634年),他就任

---

① 侯化生.重视和发挥中华优秀传统文化在建设中华民族现代文明中的作用[EB/OL].(2023−09−05)[2024−05−24]中国共产党新闻网.http://theory.people.com.cn/n1/2023/0905/c40531−40070680.html;中央广播电视总台央视网.文以化人总书记这些话指明路径[EB/OL].(2022−07−25)[2024−05−24]央视网.https://baijiahao.baidu.com/s?id=1739286722212764559&wfr=spider&for=pc.

广东恩平县令,在此编纂县志、建筑城池、发展文教、加强军事建设,政绩斐然,考核为优等。因此,宋应升被升迁为高州同知,兼管吴川县税务、海防,并在化州知州空位期间,代任化州知州。崇祯十五年(1642年),宋应升被提拔为广州知府,离开了粤西。宋应升前后在高州工作过五六年之久。

宋应星和宋应升是一母同胞的亲兄弟,手足情深,他曾经多次到粤西探望兄长,并在此进行了田野调查。他在《天工开物·冶铸》中写道:"我朝行用钱高色者,唯北京宝源局黄钱与广东高州炉青钱,高州钱行盛漳泉路。其价一文敌南直江、浙等二文。"①这说明,宋应星对高州的青铜冶铸业进行了比较深入而系统的调查和研究,并在《天工开物》中进行了一定的载述。

1983年10月,我在新余开设了无线电培训班,接着于1986年9月创办了无线电维修培训中心,以此为基础,我于1988年9月创办了新余市第一所民办学校——新余市电子技术学校;1992年,新余市电子技术学校升格为民办大专高校,即江西渝州电子工业专修学院(简称"渝工学院"或"渝工",后更名为江西渝州科技职业学院),为珠洲三角洲地区,特别是深圳、东莞等地工业的发展输送了大量的高素质技工乃至工程师储备人才,引领了新余市民办职业教育的发展与提升。2005年4月下旬,新余市举办了全国民办中等职业教育工作经验交流会,时任教育部部长周济、副部长吴启迪莅临会议指导工作;当年12月,新余市政府被国务院教育部评为全国职业教育先进单位,《人民日报》头版头条分别以《新余职业教育显生机》为题,报道了新余市职业教育改革与发展情况,一个地处内陆的小地级市办出了声势浩大的职业教育,被教育部的专家夸奖为"新余现象,渝工效应"。2014年,江西渝州科技职业学院升格为本科层次的江西工程学院。我认为,新余职业教育得到飞速发展的因素很多,其中一个重要原因就是天工开物文化的培植、浸润、滋养与激励。

教育的本质是育人,而育人既要有"道",又要有"术"。道必须正,术必须优,所谓

---

① 汪开振,王永长.货币变迁与宏观金融管理(公元前16世纪——1840年)[M].上海:上海财经大学出版社,2021:141.

道正术优。道为育人工程之根和源,术是育人工程的叶和流。根深才能叶茂,源远才能流长,求木之长者必固其根本,欲流之远者必浚其源泉。

天工开物文化是江西工程学院发展的根与源,也是引领、指导我校发展壮大的"道",它解决了培养什么人、为谁培养人的问题。而"四位一体"——教学改革、学科竞赛、创新实践、项目转化以提升创新创业能力的人才培养模式是"术",它解决了怎样培养人的问题。

从江西工程学院的文化积淀、办学历程、创新创业人才培养与服务地方经济与社会发展等维度看,"天工开物文化"已经把这些方面紧密联系起来了,也体现于江西工程学院的办学特色及其成效中了。

自2014年学校升本以来,江西工程学院广大师生已经开展了与天工开物文化有关的各种的教学、科研活动,传承天工开物文化,发扬光大爱国、务实、创新、工匠与和谐的天工开物文化精神,这不但有利于培养大国工匠,而且有利于广大师生经世致用、知行合一、即用见体地服务地方经济与社会的发展。

一所大学的文化首先体现在它的历史和传统中,具体表现为这所大学在长期的办学历史过程中逐渐积淀下来的一种内在的办学特色。江西工程学院在长期的办学实践中,继承和弘扬天工开物文化,逐渐形成了天工开物文化育人特色。

新余是天工开物文化的诞生地与发祥地。明代科学家、思想家宋应星在新余分宜县任教谕时写成科技巨著《天工开物》,该书是世界上第一部关于农业、手工业、矿冶业的综合性科学技术著作,记载了许多在当时居于世界前列的科学创见和技术工艺,具有鲜明的爱国情怀、务实作风、创新品格、工匠精神与和谐理念。江西工程学院自创办以来,长期得到天工开物文化的浸润、滋养、引领,带动新余民办教育呈跨越式、集群式发展,形成了职业教育领域著名的"新余现象,渝工效应"。江西工程学院在新余市天工路建成了天工校区,该校区建有宋应星公园,成立了"天工文化研究院",开设了"天工大讲堂",对学生产生了潜移默化的影响。目前,在天工开物文化溯源、天工开物文化内涵、天工开物文化对应用型本科教育的意义及作用等方面取得了一批成果,先后出版了学术著作《天工开物文化论坛文集》第一辑和第二辑(江西人民出版社出版)、

《天工文化:传承与发扬》(中国传媒大学出版社),开展了《天工开物文化对应用型本科教育促进作用研究》《宋应星思想融入〈思想道德修养与法律基础〉教学研究》等省级课题研究,为应用型人才培养提供了坚实的理论支撑和深厚的文化滋养。学校精心打造的天工文化展厅、天工开物雕塑园等,也已成为校园亮丽的文化景观。

2015年,国务院印发《中国制造2025》文件,开始了向"制造强国"的转型之路。人们对"工匠精神"的关注度越来越高,对"工匠精神"的认识越来越深化。工匠精神存见于深厚的中华文化渊源中,"如切如磋""如琢如磨""治之已精,而益求其精也",这些都体现了中国古代的工匠精神,而《天工开物》堪称中国古代工匠精神的集大成者。工匠精神的基本内涵包括思想上的爱岗敬业、无私奉献,行为上的求真务实、执着专注、一丝不苟,目标上的精益求精、追求卓越。从2016年至2024年,"工匠精神"四字7次写入中央政府工作报告。

2022年4月27日,习近平总书记在致第一届大国工匠创新交流大会的贺信中强调:"我国工人阶级和广大劳动群众要大力弘扬劳模精神、劳动精神、工匠精神,适应当今世界科技革命和产业变革的需要,勤学苦练、深入钻研,勇于创新、敢为人先,不断提高技术技能水平,为推动高质量发展、实施制造强国战略、全面建设社会主义现代化国家贡献智慧和力量。"[1]

2023年9月后,习近平总书记就"新质生产力"发表了一系列重要论述,这为推进高质量发展和中国式现代化提供了科学指引。新质生产力属于"技术"维度的问题,工匠精神属于"态度"维度的问题,两者相辅相成、相得益彰。工匠精神能赋能新质生产力的发展,因为匠心能铸造其精神品质,匠术能构筑其技术根基,匠德能筑牢其向善本性。

我们要深入理解习近平总书记的指示,把弘扬劳模精神、劳动精神、工匠精神融入高等院校创新创业人才培养的全过程。

我期待江西工程学院以马克思主义、毛泽东思想、邓小平理论、"三个代表"重要思

---

[1] 徐彦秋. 当代大学生工匠精神培育研究[M]. 南京:东南大学出版社,2023:55.

想、科学发展观和习近平新时代中国特色社会主义思想为指导,立德树人,加强内涵建设,继续传承、弘扬天工开物文化,坚持以天工开物文化为引领的创新创业人才培养特色,促进教育教学质量的稳步提升,努力把学校建设成为省内一流、国内有较大影响力的高水平应用型本科高校。

为了进一步提升"天工开物文化育人工程",由江西工程学院天工文化研究院院长赖晨副教授撰写了《天工开物文化研究》一书,计划作为全校的文化、科技通识课与思想政治课程的辅助教材,也可作为宣传天工开物文化与大国工匠精神的科普读物。

本书的具体内容如下:第一章为绪论,即相关学术谱系的简介。第二—三章,阐述《天工开物》的作者宋应星的生平、成就及成书的背景。第四—六章,阐述天工开物文化的文化内涵,即它孕育了中国制造的工业基因、展现了独具匠心的先进技术、浓缩了工开于人的造物文化。第七—十一章,阐述天工开物文化的精髓,即兴亡有责的爱国情怀、经世致用的务实作风、敢为人先的创新品格、专注敏求的工匠精神、天人合一的和谐理念。第十二—十三章,阐述包含江西工程学院师生在内的新余人民对天工开物文化的传承与弘扬。

是为序!

杨名权

2024 年 5 月 25 日

目　录

第一章　绪论

天工开物文化与精神源于《天工开物》一书，那么"天工开物"的确切含义是什么呢？天工开物文化的内涵是什么呢？发展天工开物文化的原因何在呢？

第一节　"天工开物"的确切含义

天工开物的意思是：人凭借天然界形成万物的工巧与法则来开发物产。天然界，现在一般称为自然界；"天工"也叫自然力，即自然界形成万物的工巧与法则；所谓开发物产，也就是生产制造各种产品。具体理由如下。

"天工"出自儒家经典，是一个双音词，不可拆开解释为天工与人工。"天工"出自《尚书·虞书·皋陶谟》："无旷庶官，天工，人其代之。"① 意思是：凡是符合天意的事功，人都可以代行。把天职当作自己的事，不要空设职官而不做事。"天工"这个概念，在这里的意思是"天的职责"。古人认为：国家统治者效法天来设置各种官职，让他们来替天行使各种职责。后来，随着社会与历史的进步以及人们对天的神秘感的逐渐减弱，"天工"这个概念的意思逐渐变为天然界形成万物的工巧与法则（自然力），与之相对的便是"人工（人工技巧）"。

"开物"也出自儒家经典。"开物"出自《易易·系辞上》："子曰：夫《易》，何为者也？夫《易》，开物成务，冒天下之道，如斯而已者也。"② 意

---

① 龚延明.简明中国历代职官别名辞典［M］.上海：上海辞书出版社，2016，09：172.

② 刘君祖.爱智典藏书院国学讲坛系列详解易经系辞传［M］.上海：上海三联书店，2015，08：87.

即，孔子说：《周易》到底有什么功用？《周易》能揭示天下万事万物的规律而成就事物，包含天地万物的道理，如此而已。所谓"开物"，就是揭示天下万事万物的规律。

随着时代的变迁，"开物"的意思逐渐演变为开发、生产物产的意思。

第二节　什么是天工开物文化

一、关于"文化"

《新华字典》关于"文化"的词条是这样解释的：一是指人类社会历史过程中所创造的物质财富和精神财富的总和；二是特指精神财富，如教育、科学、文艺等；三是指语文、科学等一般知识，例如学文化。

二、关于"天工开物文化"

"天工开物"字面指宋应星撰写的《天工开物》一书。"天工开物文化"就是关于《天工开物》的文化。根据《新华字典》上记述关于"文化"的定义和解释，很明显，我们所说的"天工开物文化"，既包括关于《天工开物》这部工艺百科全书所记述的一般知识以及全书所蕴含的各类价值和成就的总和，也指该书几百年来，在国内外传播过程中形成的国际影响力及其精神财富，因为该书诞生于新余市，更指其赋予本地的无形人文资产。

三、关于"主流文化"

所谓主流文化，通常认为它大体上包含了以下四个部分：第一，中华优秀传统文化的进化。历经几千年，到现在仍然包含了真理和智慧的思想、精神。第二，革命文化。从1921年7月党诞生以来，党带领中国人民所创造的先进思想、先进精神以及五四运动之后许多优秀文化传承。这些文化创新符合中国的实际，也是具有强大生命力的主流文化。第三，中国从外国学习的优秀文化。

中华文化的一个突出的特点就是包容性强大，它愿意接纳世界上一切优秀文化因素。第四，社会主义先进文化。当前社会主义精神文明建设的主流文化（主旋律）是什么呢？所有有利于弘扬爱国主义、集体主义、中国特色社会主义的思想与精神，所有有利于推动改革开放、实现中华民族复兴、促进社会主义现代化建设的思想与精神，所有有利于中华民族大团结、社会进步、中国人民幸福的思想与精神，均是。

四、关于"新余文化"

天工开物文化所蕴含的精神财富，虽然历经几百年的曲折，却一直跃动着我国科技文化的主旋律，也是新余市一直探求的主旋律之一。经过 2010 年全新余市区域文化大讨论，专家们一致认定"天工开物文化"就是新余市的主流文化。天工开物文化所蕴含的爱国情怀、务实作风、创新品格、工匠精神、和谐理念等，就是我们最值得骄傲和弘扬的主流文化。

完全可以在新余市"新余现象""新余精神"之后，把"天工开物文化"提升为"新余文化"，即可概括为爱国、务实、创新、工匠、和谐——这也是天工开物文化的精髓。它将比"新余现象""新余精神"更具历史文化底蕴和世界知名度。

第三节　为什么要发展天工开物文化

一、文化软实力是核心竞争力

文化不但能展示一个国家的形象，而且是一种创造财富的能力。

在 21 世纪，世界上 200 多个国家与地区之间的竞争，除了拼经济、拼科技、拼军事外，更在拼文化，换言之，文化也是国家的核心竞争力。正因为如此，所以有人说 21 世纪是文化的世纪。

新余市作为江西省工业强市已经是众望所向，但要确保新余市经济增长继续走在江西省的前列，则尤其需要文化软实力给予持续的精神动力、强大的思想保证和舆论支持。一个地方的知名度、美誉度首先来自文化的传播和辐射，因此，各个地方均在加强区域文化工作：一是为本地区文化的研究投入更多的人力、物力和财力；二是为本地区文化品牌的宣传、推广，投入了许多人力、物力和财力。国内外许多地区通过做大、做强文化品牌，带动了经济与社会的发展，这也是所谓的文化搭台、经济唱戏，如河南嵩山的少林文化，带动了武校教育、文旅等产业大发展，真金白银，滚滚而来。

新余市要走向全中国、全世界，没有文化软实力的提升是无法彰显一个内陆小地级市的知名度、美誉度的。所以，要加快建设文化大市，努力打造有影响力的文化名片，加速迈向文化强市，全面提升文化软实力。

二、天工开物文化是新余市的主流有根文化

《天工开物》的诞生地、发祥地奠定了新余市天工主流文化的基础。毋庸置疑，天工开物文化也是我国的主流文化之一，凭什么新余市独举这面大旗？这是因为《天工开物》的诞生地、发祥地在新余市。

《天工开物》诞生地在新余市分宜县，它初刊于崇祯十年，为宋应星出任（1634—1638年）分宜教谕期间。该书初刻本的许多插图，都是新余市渝水区、分宜县的具体绘图。

例如，《冶铸》篇中所记述的露天采矿，其实就是新余市分宜县湖泽镇及其附近冶铁所的真实文字描写，迄今为止，新余市还保存了6处冶铁遗址。它们分别是：凤凰山冶铁遗址、中贵山冶铁遗址、斗牛岭冶铁遗址、伯公庙冶铁遗址、简炉冶铁遗址和上沂冶铁遗址。其中，4处冶铁遗址，即凤凰山冶铁遗址、中贵山冶铁遗址、斗牛岭冶铁遗址和伯公庙冶铁遗址在分宜县的湖泽镇境内，简炉冶铁遗址、上沂冶铁遗址两处在今新余市孔目江区观巢镇境内。20世纪80年代，新余市文物工作者在分宜县湖泽镇闹洲村铁坑自然村的凤凰山冶铁遗址发掘出了普通圆形炉、竖穴式圆形炉，宋氏在《天工开物》一书中记述了这些冶铁炉，并配有图例。

再如,《乃服》篇中的"经具""过糊""机式"等几节,基本上百分之百取材于新余市分宜县双林镇的织布作坊;特别是"夏服"此节中"凡苎,无土不生……每岁两刈、三刈者……苎皮剥取后,以水浸之"①,这些表述和《分宜县志》中的记载基本类似。

此外,宋应星老家奉新县并没有燔石(烧石灰),而在分宜县却随处可见……要罗列的例子还有很多。

总之,宋应星在撰写《天工开物》的过程中,对今新余市的渝水区、分宜县等地进行了大量的田野调查。当然,《天工开物》是一部跨疆域的世界性巨著,它的诞生,是当时社会整体科技文明的再现,尽管不能简单地拘泥于某一地,但新余市作为其诞生地、发祥地的地位是不容否定的。

三、天工开物文化品牌价值高

《天工开物》的国际影响力成就了天工开物文化的品牌价值。

明末清初的科学家宋应星所编写的《天工开物》,是世界上第一部关于农业、手工业生产的综合性著作,是我国历史上伟大的科技著作,被欧洲学者称为"17世纪的工艺百科全书"。

可以说,这部书影响了整个世界。1771年,日本大阪市菅生堂刊行《天工开物》,这是它在国外刊行的第一个版本。日本学者薮内清先生说:"整个德川时代(江户时代),读过这本书的人是很多的,特别是关于技术方面,成为一般学者的优秀参考书。"②《天工开物》还影响了日本思想界、经济界。潘吉星先生认为:"18世纪时,日本哲学和经济学界兴起'开物之学',就是'天工开物思想'在日本的表现形式……三枝博音认为'天工开物思想'是包括中日人民在内的整个东洋人所特有的技术观。"③

---

① 谢禾生,严小平,罗双根.《天工开物》的生态思想及其现实意义[J].新余学院学报,2012(6):26—30.

② 薮内清主编.天工开物研究论文集[C].章熊,吴杰,译.北京:商务图书馆,1959:11.

③ 潘吉星.《天工开物译注》导言[M].上海:上海古籍出版社,2008:4.

　　《天工开物》已经成为世界科技名著，被翻译为日文、韩文、德文、英文、法文、俄文、意大利文等多种文字，在各国流传。潘吉星先生说："凡是研究中国科技文化史的，无不引用此书，而且都给予高度评价，认为它是了解中国社会实态和传统科技的一把钥匙。"

　　在国内近当代，《天工开物》也日益被学术界、各类技术专家和普通民众重视。迄今为止，《天工开物》的版本达到 20 多个，以"天工开物"或"天工"一词命名的各类企业有 100 多家，类似的商标也有 100 多个。

　　总而言之，天工开物文化是一笔丰富的精神财富，不仅是新余市的文化品牌，也是江西省、中国的文化品牌。

第二章　宋应星生平及其成就

人的性格是童年的回忆。原生家庭是影响人一生的动力，它是儿童的第一所学校，父母长辈们是其第一批老师。万历十五年（1587 年），宋应星出生于江西奉新县北乡雅溪一户破落官僚地主家庭。宋氏家族秉承耕读传家的传统，崇文重教，科甲连绵，人文鼎盛。其祖先宋仲礼考中过明太祖洪武年间（1368—1398 年）的状元，曾祖父宋景、族叔宋国华（1505—1556 年）、族兄宋应和（宋道达，1553—1619 年）、族侄宋士中等人，均考取了举人或进士，成为朝廷命官，且政绩斐然，为家族带来了莫大的荣耀。这种家风对宋应星产生了深远的影响，促使他成为著名的科学家、思想家、政治家。

第一节　宋应星的家世

《宋谱·厚冈支谱序》记载，宋氏的祖先是春秋宋国第一代国君宋微子。宋微子（微子、微子启、宋微子、殷微子）是商王帝乙的长子，他有两个弟弟，即二弟宋微仲和小弟商纣王。宋国是圣贤文化的源头和礼仪之邦，它是处于传统文化核心地位的道家、儒家、墨家和名家的发祥地，它是孔丘、墨翟、庄周和惠施的祖国。

公元前 286 年，宋国被齐国、楚国和魏国灭亡、瓜分。宋国人民以"宋"为姓氏，世代居住在河南。东汉时期，南阳郡安众县（今河南邓州市）人、五官中郎将宋伯的儿子宋均（宋叔庠）任九江太守，从此定居于江西。到了宋均第十四世裔孙宋钶时，已经是隋朝末年了。

宋钶为了躲避战乱从今江西省九江市星子县搬迁来到江西新吴（今江西宜春市奉新县）。

　　宋钊起初在奉新县的义井定居，到了北宋宋仁宗庆历年间（1041—1048年），义井发生洪涝灾害，不少宋氏家族开始搬迁到外地。宋钊的第二十五世裔孙宋梓不忍心离开祖业地义井，一直在当地定居。从宋梓到宋福五（宋攒、宋超康）已经经历9代了。

图 2-1　宋应星的肖像

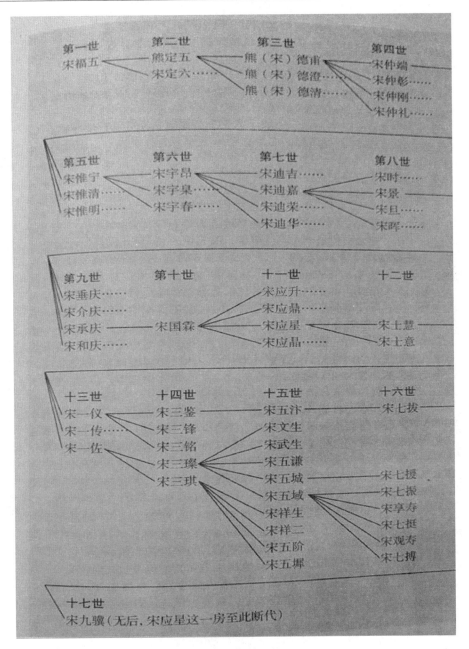

图 2-2 宋氏世系图

后来，因为义井地势低洼，经常发生水灾，加上人口增加，人多地少，宋福五才不得不迁移到了同为奉新县的张家边。宋福五是雅溪宋氏家族的始祖，宋应星是其第十一世裔孙。

从家境来看，奉新县雅溪宋氏家族经历了"贫穷—富有—贫穷"的过程。从职业选择看，在宋景之前，其家主要依靠务农为生；在宋景之后，其家开始以读书、科考为主。正如宋国璋所言："昔之安农桑为职业者，今则比屋而攻诵读。"① 此即为雅溪宋氏家族的基本发展概况。

宋福五虽然终身务农，并且因为家贫在丧第一位妻子胡氏后，以独子身份入赘熊家，但他有文学才华，元政府"累征不仕"，犹如隐士。他生于南宋，死于元朝。先娶胡氏，后入赘熊家。他有两个儿子：熊定五（随妻姓）、宋定六。

宋福五的第六世裔孙宋宇昂（1409—1467 年）治家有方，善于理财。他通过勤劳节俭发家致富了，家里储藏了几千石粮食，成为一户殷实的人家。宋宇昂有四个儿子，即宋迪吉、宋迪嘉、宋迪荣与宋迪华，其次子宋迪嘉秉承了父亲勤劳节俭、善于理财的基因，把家业发展得更加富裕。

元末，朱元璋、陈友谅等武装集团在赣鄂皖苏等地进行拉锯般的交战，导致当地人口缩减，大片土地荒芜。明朝诞生后，朱元璋为了刺激经济的发展，增加人口，颁发了许多优惠政策，比如，他规定谁开垦的荒地属于谁，且第一年至第三年不用缴土地税。

宋迪嘉利用大明帝国的优惠政策，雇用了许多人，开垦了大片土地，用来种植水稻、小麦、粟米、苎麻、桑树，生产粮食、夏布、丝绸销售。同时，宋迪嘉精通堪舆学、麻衣相术等学问，"风鉴堪舆诸术无不通晓，相宅卜兆皆一手成之"②，通过这些手艺，他获得了比较可观的收入。宋迪嘉家财产的雪球

---

① [江西奉新] 宋谱：第一本 [M]．原序，8．
② [江西奉新] 宋谱：第二十二本 [M]．一世至十世赞．

越滚越大，财富日益增多，成为奉新县北乡的大户人家。

宋迪嘉和两位妻子陈氏、涂氏生养了五个儿子，即宋时（宋雪坡）、宋景、宋旦、宋诰与宋晖。其次子宋景（宋以贤、宋南塘，1476—1547 年）是涂氏所生，他天资聪颖，敏而好学，顺利地考取了秀才、举人和进士的功名。

值得一提的是，29 岁的宋景和分宜县的 25 岁的严嵩（1480—1567 年）是同年，即他们都是在明孝宗弘治十八年（1505 年）考中进士的，不过宋景是二甲第十五名，而严嵩是二甲第二名，宋景的名次低于严嵩。

据田野调查可知，因为严嵩、宋景两人是同乡和同年，所以他们的关系比较友好，两家人经常在一起吃年夜饭。严嵩捐献书籍给分宜县之前，还咨询过宋景的意见。

宋景历任河南睢州（今河南商丘市睢州县）知州、河南道御史、浙江佥事、山西按察使副使、四川右布政使、山西左布政使、南京吏部尚书、南京工部尚书、南京兵部尚书、北京都察院左都御史，在 42 年的官场生涯中，从正七品升迁为正二品。宋景之所以能升迁为北京都察院左都御史，便是因为严嵩推荐了他。

宋景虽然早期曾经因为依附过太监刘瑾而被迫赋闲 14 年之久，但总体而言，他德才兼备、清廉正直。嘉靖三年（1524 年），他在山西介休县采取得力措施，平定了一场饥民暴动。他在山西左布政使任上，积极推行宰相张居正的"一条鞭法"，清除了所有的弊政。他在南京工部尚书任上督修奉先殿、旧世子府、黄船时，节约了相关费用，减轻了百姓负担。他任南京兵部尚书时，参赞军政事务，他奏请朝廷精兵简政，裁汰老弱病残士兵，并通过严格的考试选拔军官，让大明帝国的吏政面貌得到了很大的改观。

遗憾的是，作为内阁七成员之一的宋景任左都御史不到一年，就因病撒手人寰，时间为嘉靖二十六年（1547 年），享年 71 岁。之所以如此，那是因为工作太累——要对全国官员进行考核，官场派系斗争十分激烈，令年逾古稀的他身心俱疲，被活活地累死了。

严嵩对此深感愧疚，为此亲自为他题写了墓志铭，文中对宋景多有赞誉和肯定。严嵩请示嘉靖皇帝后决定：追赠宋景为太子少保、吏部尚书，谥庄靖，而且追赠其亡父宋迪嘉、祖父宋宇昂为资政大夫、吏部尚书。严嵩还带领许多大臣前来祭拜。宋景去世后，严嵩对其儿子们多有关照。

宋景的灵柩由次子宋介庆（1521—1590 年）、宋承庆、宋和庆、宋垂庆及其他官员护送回江西老家安葬，他的坟墓在新建县太平乡赐地。而同为内阁成员的严嵩却又活了 20 年。

宋景、严嵩两位同乡、同年，虽然均曾经位居高位，但宋景的口碑、形象显然是更高一等的。徐阶说他是德才兼备的谨厚长者。《明史》说他清廉、正直、勤勉，有"古大臣风"，对后代子孙产生了很大的影响。①

令宋景、严嵩生前想不到的是，距离他们考取进士的 129 年之后，宋景的曾孙宋应星于崇祯七年至崇祯十一年（1634—1638 年）在分宜县担任教谕一职，并在任上撰写了《野议》《天工开物》等流芳百世的名作。

因为宋景在官场掌握了实权，是大明帝国统治阶层的一员，俸禄等收入比较丰厚。所以，其家日益富裕。他家里建造了一栋豪宅，该豪宅五进五厅且带后花园，共有 100 多个房间。他家拥有 2 万多亩良田，20 万亩山林，有几百个丫鬟、男仆、老妈子和长工。宋府门前，车如流水马如龙，天天贵客临门，人声鼎沸，热闹非凡。

宋景考中进士后的第六年，即明武宗正德五年（1510 年），胡雪二在江西奉新县华林地区发动暴动，宋家受到攻击劫掠，被焚烧了许多房子。"凡同堂异室，隘巷旁居，焦缭无余……，扬楼观基址，不旬日为瓦砾，为赭土矣。"②

宋景有两位妻子——张氏、韩氏，并生养了四个儿子——宋垂庆（？—1548 年）、宋介庆（1521—1590 年）、宋承庆（1522—1547 年）、宋和庆

---

① 郭皎. 仙源灵境奉新［M］. 南昌：百花洲文艺出版社，2005：66.

② 徐钟济. 宋应星世系考［J］. 东南文化，1988（2）：90—93.

（1524—1611 年）。其中，宋景和韩氏所生的第三子宋承庆即为宋应星的亲祖父。

宋承庆（宋道征、宋思南，1522—1547 年），天赋好，敏而好学，有上进心。他考中过秀才，却令人感到遗憾地在 25 岁时英年早逝了。他之所以英年早逝，是因为嘉靖二十六年（1547 年）正月初八，其父宋景病逝，他和兄弟宋垂庆、宋介庆、宋和庆一起从北京护送灵柩回乡安葬，劳累和伤心过度，损害了健康，此年农历七月便撒手人寰了。

宋承庆留下两个妻子和一个襁褓中的儿子。其第一个妻子是奉新县龙潭乡的黄氏，她没有生养。第二个妻子是奉新县泥湾乡的顾氏（1528—1589 年）。1546 年，即宋景升迁为正二品北京都察院左御史的那年，18 岁的顾氏嫁给了宋承庆，翌年生下独生子宋国霖（宋汝润、宋巨川，1547—1629 年）。宋国霖即为宋应星的亲生父亲。

顾氏对爱子宋国霖十分宠爱，她不希望儿子焚膏继晷、宵衣旰食、兀兀穷年地流连于青灯黄卷之中而伤害身体，也不愿意儿子冒险出远门参加科举考试，她希望每天看到儿子，希望儿子为自己多生几个孙子。所以，宋国霖虽然活了 83 岁，但他从 18 岁成为秀才之后，未再去参加科举考试，一辈子就是一位秀才。宋国霖的性格比较孤僻、古怪，独来独往，不善交际，被人称为"独行君子"。

宋国霖的嫡妻为甘氏（1544—1599 年）。她是在嘉靖三十九年（1560 年）嫁给宋国霖的，此年，她的父亲恰好考取了举人。甘氏的父亲是甘学圣，他有进士功名，并官至浙江参政。宋国霖和甘氏生了两个女儿和一个儿子，儿子为宋应鼎（宋次九、宋铉玉，1582—1629 年）。

宋国霖的第一个小妾是魏氏（1555—1632 年）。魏氏的亲生父亲为魏鸿兴，他是奉新县新兴乡小港村的菜农，亲生母亲阴氏，也是普通的农妇。万历四年（1576 年），21 岁的她经父母之命媒妁之言，卖给 29 岁的宋国霖做小妾。魏氏为宋国霖生了两个儿子：宋应升（宋元孔，1578—1646 年）和宋应星

（宋长庚，1587—1666 年）。

宋国霖的第二个小妾王氏（生卒年不详）为其生了最后一个儿子——宋应晶（宋幼含，1590—？）。

对宋应星影响比较大的亲友有以下几位。

第一位，宋仲礼（宋振文，生卒年不详）。雅溪开基祖宋福五入赘到奉新县北乡雅溪（今江西省宜春市奉新县宋埠镇牌楼村）熊家，他和妻子熊氏生养了两个儿子：长子叫熊定五，延续熊家香火，他担任了剑江镇（今江西省宜春市丰城市剑南街道剑江社区）的驿宰，家境小康。次子名为宋定六，后迁居今江西省九江市永修县立新乡后岗村。

熊定五和妻子宋氏生养了三个儿子：熊德甫（熊德浒）、熊德澄、熊德清。长子熊德甫和徐氏生养了四个儿子：宋仲端（熊仲端）、宋仲彰（熊仲彰）、宋仲刚（熊仲刚）、宋仲礼（熊仲礼）。

熊德甫的第四子宋仲礼天资聪颖，敏而好学，学而不厌。奉新县雅溪《宋氏宗谱》记载，宋仲礼"性沉慧，少笃学，探微抉奥，开文学之先。与弟子辈敦诗说礼，讲贯朝夕无倦色。应明洪武选贡，赴京师游太学，廷试擢第一。一时洛阳纸贵，文章姓字脍炙走天下。上承先世之德泽，下启后代之书香。奏请复姓（始祖福五公避元乱改宋为熊）之德，实堪以昭雅溪宋氏之青史！"①

宋福五的曾孙宋仲礼是雅溪宋氏家族第一位，也是唯一的一位状元，他上承祖先的恩泽，下启家族崇文重教的门风。其晚辈宋景、宋介庆、宋和庆、宋国华、宋应和、宋应升、宋应星等人，之所以能考中举人、进士功名，均因为宋仲礼树立了良好的榜样，开启了崇文重教的家风。

第二位，宋景。作为宋应星曾祖父的宋景，从一介布衣，通过个人奋斗，

---

① 宋显武. 宋埠文史钩沉［EB/OL］.（2020—09—10）［2024—05—07］. https://weibo.com/7448949998/Jk7m8BKLH#attitude.

成为正二品高官，深受嘉靖皇帝的认可和百姓的爱戴。其砥砺前行、艰苦奋斗的精神，正直清廉、勤奋爱民的作风，对宋应星产生了深远的影响。

第三位，宋介庆。宋介庆（宋幼征、宋少南，1521－1590 年），宋应星的伯祖父，嘉靖十九年（1540 年），19 岁的他考中举人，名列第二十五名。嘉靖二十六年（1547 年）正月初八，宋景病逝于北京。宋介庆和哥哥宋垂庆，弟弟宋承庆、宋和庆把父亲灵柩运回故乡安葬。他找到父亲好友、内阁次辅严嵩，恳请他为父亲撰写神道碑。严嵩怀着悲痛、内疚的心情撰写了《明故资政大夫都察院左都御史赠太子少保吏部尚书谥庄靖宋公神道碑》，介绍了宋景一生的经历。

严嵩在《明故资政大夫都察院左都御史赠太子少保吏部尚书谥庄靖宋公神道碑》中说：

> 嘉靖丙午之冬，上召南京兵部尚书宋公为都察院左都御史，公以疾辞，不允。时当天下词司述职聚阙下，台丞实与铨部同职考察。公至，则力疾稽牍，评骘臧否，手披心计，殚日夕，由是疾增剧，乃丁未正月之八日卒于京师里第。上闻震悼，命有司谕祭营葬如例，而赠公太子少保、吏部尚书，赐谥庄靖，盖异数云。于是公次子、乡进士介庆奉柩归豫章而葬，谓嵩于公同乡，又同弘治乙丑进士，请书神道之碑。

> 忆与公赐第后，仕宦中外垂四十三载，当时同辈存者无几，而公又不可作矣，乌能已于情邪？

> 谨按：公讳景，字以贤，世家南昌奉新。曾祖惟宁，祖鉴，有厚德，能施其乡；考迪嘉，妣涂氏。公既贵，累赠其祖与考皆资政大夫、南京吏部尚书，妣皆夫人。

> 公少孤，奋于学，弱冠为诸生，试每居首。器体凝重，识者占为公辅之器。弘治辛酉举江西乡荐，再会试擢上第，授河南睢州知州，治行卓闻，改河南道监察御史。是时逆瑾窃柄，公慨然引疾去，家居十四年，足不及城市，若将终焉，而物望郁起。

> 提学田公汝籽、巡抚盛公应期先后疏荐，起为浙江按察佥事。未逾年，闻母病，即弃官归。太夫人卒，哀痛勺水不入口者五日。服

除，升山西副使。会汾州介休饥民相聚为盗，杀地方官，势张甚。抚按檄公往征之，督率行伍，躬冒矢石，擒获其渠魁，释降附，宥胁从，民赖以安。

青羊山贼陈卿乱，公又合兵讨殄之，奏以潞州为府而创立平顺县，皆公之功为多。升山东参政，改福建，寻升四川右布政使，俱未赴，改山西左使，公以晋阳地瘠赋繁，民多逃窜，地亩虚税，责偿平民，请召人佃种而坐以轻折，又定九则征派之例，以祛里胥积弊，咸著为令。

转南京光禄寺卿，擢都察院右副都御史，总督南京粮储，革揽纳，禁粮长揭债，减呈递样米，谨通关之验，收京储以清，改左副都御史佐理院事，历升刑部左右侍郎，拜南京工部尚书。时修南京奉先殿及旧邸世子府，又造黄船，公节费料十之七八。事竣，有白金、文绮之赐。改南京吏部，旋改南京兵部，参赞机务。至即奏裁守备参随人役，考选武职，清查快船困弊，精核养马利害，戎政肃然。

公履行端严，执守坚确，人不敢干以私，然貌恭气和，于物无忤，故贤者乐之，而不善者亦未尝有怨焉。官虽久，自奉不异布素。方圣明倚毗，召正台端，朝野属望，而公以一疾不起，哲人云亡，岂非世道之大恫哉！

公配张氏，累封夫人，子男五：长垂庆，荫为国子生；次即介庆，次承庆，县学生；次和庆、具庆；女二，孙男三。卜以某年月日葬公某山之原，余叙而系之铭曰：

宋有广平，式懋高风。载其勋伐，为唐宗工。显允庄靖，名德攸同。金镠玉振，精美明通。初筮河郡，继展台聪。褫氛蔽日，林莽潜踪。既起从政，一节匪躬。其勤三晋，秉宪即戎。开府创邑，诞著肤功。及贰邦刑，乃正司空。冢卿司马，保厘旧宫。维兹都台，执法在中。帝命维何，曰维清忠。一阳占候，公来自东。公来自东，四牡庞庞。而弗我留，驾言长终。宫保晋秩，美谥聿崇。瞻彼玄堂，有石斯峚。树文撰德，以告无穷。[1]

<hr/>

①严嵩. 钤山堂集·第37章·神道碑四 [M]. 海口：海南出版社，2001：204.

严嵩之所以感到内疚，那是因为 70 岁的宋景身体不好，不想去北京任职，是严嵩动员他去的，结果导致宋景不到一年就累死了。宋介庆到处奔走，严嵩据理力争，朝廷追赠宋景为太子少保、吏部尚书、从一品诰封资政大夫，宋景的父亲宋迪嘉、祖父宋宇昂被荫封为尚书，号称"三代尚书"，并在奉新县家乡建立了"三代尚书第"的牌坊。

宋介庆曾经在南京、北京任职。嘉靖四十四年（1565 年），严嵩受儿子严世蕃的牵连被惩罚。宋介庆也受到了牵连，被贬谪到了南直隶徽州府黟县任知县，不久又被贬谪到了湘鄂赣交界的偏远小县——湖北省武昌府崇阳县任县令。宋介庆后在 40 多岁时辞职，在家研究道家 20 多年，且和妻子邓氏开始分居，万历十八年（1590 年）病逝，享年 69 岁。

伯祖父宋介庆对老父的孝顺和作为兄长的担当，对宋应星产生了深远的影响。

第四位，宋和庆。作为宋应星叔祖父的宋和庆是明穆宗隆庆三年（1569 年）考取拔贡的。虽然他先后担任过江西吉州知州、广西柳州府通判，但由于他和严嵩走得近，被认为是"严党"而受到牵连，加上他和广西巡抚殷正茂关系不睦，所以他从政的时间不长，大约在万历二年（1574 年），即在他升任为柳州通判后的第二年就辞官了。辞官回乡后，他一直兴办教育。他创办了雅溪宋氏家塾，聘请了德才兼备的邓良知等人担任家塾教师，精心培养宋氏子弟。

宋应星的父亲宋国霖，宋应星和两位哥哥宋应升、宋应鼎均在宋氏家塾学习多年，接受了比较好的教育。

宋和庆和宋应星的祖父宋承庆都是韩氏夫人所生，关系亲切，宋和庆对寡嫂顾氏一家十分关心，把宋承庆的儿孙看成自己的儿孙，视同己出，多方关照。宋应升、宋应星之所以能考中举人，成为知州、知府官员和学者，宋和庆在背后发挥了很大的作用。

宋和庆生了六七个女儿，只有一个老来子——宋国璋。宋国璋和宋应星兄弟名为叔侄，实为兄弟，亲切友善。宋应星兄弟成年后，对叔祖父一直心存感恩之心，把他看成自己的亲祖父。

第五位，魏氏。作为宋应升、宋应星兄弟生母的魏氏为人十分贤惠。明神宗万历四年（1576 年），她嫁给宋国霖做小妾。翌年，宋家发生一场大火灾，有 100 多间房屋的、五进五厅带后花园的豪宅被焚烧一空，家中金银细软等动产也随之化为灰烬。宋国霖家只好变卖了部分田产，在原址建起了一栋寒酸的单厅小房子。宋国霖家只剩下 100 多亩良田和八九个长工，女仆则全部辞退了。魏氏沦为宋国霖、甘氏的使女和承担家务的女仆了。她要侍候丈夫及其嫡妻的日常生活，还要为家里包括雇工在内的 20 多口人烹饪一日三餐。等大家吃完饭后，她只吃一点残羹剩饭。如果下饭菜被前面的人吃完了，她就用筷子蘸一点食盐下饭，如果没有任何残羹剩饭，她便枵腹忙里忙外。她对家中的雇工和来帮忙的短工以及贫穷的亲友、乡亲，均比较友善，当他们向其求助的时候，她均会给予一定的帮助。

生母魏氏的贤惠、勤奋，包括她对雇工、穷人的慈悲心肠，都是宋应星爱民重农、民本思想精神之源泉。

第六位，宋国华。宋应星的族叔宋国华（宋霁川、宋崇岳，1505－1556 年），8 岁时父母双亡，成为孤儿。后考中秀才，其文才得到了江西学政徐阶的赏识，说"此非枥下品也。"宋国华于嘉靖十六年（1537 年）在江西乡试中成为举人，嘉靖二十三年（1544 年）成为进士。先后被委任为安徽休宁县令、兵部武选司主事、方员外郎、四川督学副使、云南参政、贵州按察使、云南右布政使和贵州左布政使等职。

宋国华所到之处，政绩斐然，有口皆碑。"休宁故畿辅大邑也，其俗饶于茧丝，民好讼务，以奇淫相尚。甫莅任，为端标本，革一切浮靡之习，执三尺法，无少顾避，士民安堵。寻会世宗皇帝修元狩之礼，贵溪张真人奉玺书有事于山川，登齐云，责供具甚苛，国华摘其阴事欲发之，张逊谢而去。国华以治行第一被内召，士民遮道留公不获，肖公像祠祀之。擢兵部武选司主事，历职方员外郎中，奉命督修皇太子宫，费约工成，蒙上嘉绩，给诰命，赠考妣如其官。擢四川督学副使，泸、叙、巴、庸翕然向风，得士最多，先后秉钺豫章，如中丞曹公、宋公，皆其所选。累迁云南参政、贵州按察使。升云南右布政使，察吏安民，无愧保厘。时府狱有谋叛者，斩关而出，汹涌横市。国华调集勇士亲为督缉，无所逃，自归于狱。三年给由巡抚吕公奏留贤能以靖地方，钦赐银二十两，纻丝二表里。寻升贵州左布政使，以疾卒于安义官舍，时年五十有二，祀乡贤。"①

宋国华去世后，朝廷追认他为通奉大夫（从二品）。古代也称布政使为方伯或者藩伯。所以，宋国华在奉新县雅溪老家竖立了一个"方伯第"的牌坊。

8岁沦为孤儿的族叔宋国华，通过科考，成为地位显赫的布政使，令宋应星十分敬佩和向往。其自强不息的奋斗精神、为民请命的高尚美德、精明干练的理政才华，对宋应星产生了深远的影响。

第七位，宋国璋。宋国璋是宋和庆的儿子，按辈分，他是宋应星的堂叔。早年，宋国璋和父亲宋和庆一起在宋氏家塾任教。宋应星、宋应升、宋应鼎、宋士中等人是他的学生。

万历四十年（1612年），宋国璋和宋应升、宋士中、廖邦英、帅众、涂绍煁、陈弘绪一起在庐山白鹿书院学习，老师为舒曰敬。

第八位，宋国祚。宋应星的高祖父宋迪嘉的长子宋时的孙子宋国祚，成年之后顺利成为县学生员（秀才），他还是宋应升、宋应鼎、宋应星、宋应晶四兄弟的堂叔和启蒙老师。宋国祚至少把四位雅溪宋氏家族子弟——宋应升、宋应星、宋士中和宋士达培养成举人。

从6岁至10岁（1593—1597年），宋应星一直在宋氏家族的初级、中级私

---

①樊明芳．奉新一姓氏先后中举42人，复登进士者15人［EB/OL］．奉新远航信息．（2025－05－07）［2023－06－17］．https：//mp. weixin. qq. com/s？＿＿biz＝MjM5MjMzMDM2Mw＝＝&.mid＝2660825935&.idx＝2&.sn＝489b702367d4c6640843d3b0fe42a9a9&.chksm＝bdcbbc5b8abc354defaae43e49942f3958e946009afb8f1837468e8d474da438ba6df81a6c8b&.scene＝27.

塾求学，塾师是族叔宋国祚。可以说，宋国祚是宋应星的启蒙老师，在其生命底色中打下了深刻的烙印。

第九位，宋应升。宋应升（1578—1646 年）是宋应星的同胞哥哥，他们均是宋国霖和魏氏所生，宋应升比弟弟大 9 岁。两人从小一起长大，哥哥对弟弟多方呵护、关照，两人形影不离，兄弟情深。

万历四十三年（1615 年），28 岁的宋应星考取了江西乡试第三名举人，哥哥宋应升考取了第六名举人，此年全江西有 1 万多位秀才参加乡试，只录取了 100 多人，而奉新县只录取了他们兄弟两人，被大家称为"奉新二宋"。此后，兄弟两人六次到北京参加会试，可惜均落榜了。为了谋生，已经是中老年人的两兄弟均参加了吏部的大挑。宋应升于崇祯四年（1631 年）出任浙江桐乡县知县，后官至广州知府，顺治三年（1646 年），清军攻占江西南昌之后，他服毒自杀殉国。宋应升于崇祯七年（1634 年）出任江西袁州府分宜县教谕，为了照顾家小，宋应星没有殉国，明帝国灭亡之后，他一直在家隐居，于康熙五年（1666 年）去世。

宋应升对弟弟的关心、爱护，给予宋应星许多亲情、温暖，两人互相扶持、激励，一起考中举人，一起进入仕途。宋应星在撰写《天工开物》的过程中，得到大哥的许多支持，例如，他曾经到过宋应升任职的浙江、广东等地进行田野调查。

第十位，宋应和。宋应和（宋道达，1553－1619 年），北乡人。他是宋国华的堂侄儿，也是宋应星的族兄，1619 年辞官回乡，同年 10 月病逝。儿子宋士中是举人，曾任知州。宋应和在"万历元年（1573 年）中举人。万历十四年（1586 年），登唐文献榜进士第，授福建兴化府推官。以治行内擢刑部主事，改工部虞衡司员外郎，督理临清砖厂。旧例，秋冬砖料于上年终预派，豪强得以包揽，胥吏因缘为奸，扣克物价，砖不堪用，而民重困。应和立法，令窑户自领其旧造寄放，及验收未领者，均籍记之，诸弊一清。会重修干清、坤宁二宫，工部以监督请，上知其才，即以命之。工成，省费万计，万历末年，升太仆寺少卿，祀乡贤。"①

宋应和德才兼备，既有才干，又为人清廉。从万历三十年（1602 年）二月至三十二年（1604 年）三月，他被工部尚书推荐担任万历二十四年（1596年）二月因为火灾被烧毁的乾清宫、坤宁宫的总监督官（总工程师），他采取得力的措施，节省下 20 万两白银。这 20 万两银子，他没有私吞一钱，全部交给了内帑（宫廷库藏），成为万历帝的私人财产。万历帝赏罚不明，只把他提拔为三品太仆寺卿。

宋应和在太仆寺卿任上也十分清廉，从来没有贪污受贿。所以，他虽然在官场摸爬滚打 30 多年，却十分寒酸。他在北京的房子十分简陋，在江西奉新县老家的家产也比较微薄，只有 100 多亩水田，1 万多亩山林和一栋三进官厅房子。

宋应星和宋应升六次到北京参加会试，多次借宿在宋应和家中。其他江西举子，多住宿在条件比较差的、位于宣武门内杨树胡同的江西会馆里。

宋应和和儿子宋士中对他们兄弟关照很多，之所以如此，那是因为宋应星兄弟的曾祖父宋景早年对宋国华、宋应和叔侄十分关心，多方保护。

更难得的是，宋应和和著名实学家、《农政全书》作者徐光启（徐子先，1562—1633 年）是好友。徐光启是上海人，他于万历三十二年（1604 年）考中了进士，之前他于万历三十一年（1603 年）成为天主教徒，官至礼部尚书兼文渊阁大学士、内阁次辅。宋应星通过宋应和的介绍而认识了大名鼎鼎的徐光启，受其激励，宋应星开始转向研究实学，并于崇祯十年（1637 年）撰写了具有中国特色和世界意义的中华优秀传统文化的典型代表——《天工开物》。

宋应和的清廉、干练、重亲情和重视实学以及他和徐光启的友谊，在很大

---

①樊明芳. 奉新一姓氏先后中举 42 人，复登进士者 15 人［EB/OL］. 奉新远航信息.（2025－05－07）［2023－06－17］. https：//mp. weixin. qq. com/s? ＿＿biz＝MjM5MjMzMDM2Mw＝＝＆mid＝2660825935＆idx＝2＆sn＝489b702367d4c6640843d3b0fe42a9a9＆chksm＝bdcbbc5b8abc354defaae43e49942f3958e946009afb8f1837468e8d474da438ba6df81a6c8b＆scene＝27.

程度上促进了宋应星的成才。

第十一位，宋士中。宋士中（宋菁莪、宋然石，1577—?）是宋应和的儿子，也是宋应星、宋应升的堂侄，不过他比宋应星大 10 岁，比宋应升大 1 岁。三人虽然辈分是叔侄，但情如兄弟，从小一起在宋氏家塾读书。

万历二十八年（1600 年），童生宋应星 13 岁，秀才宋应升 22 岁，秀才宋士中 23 岁，宋应升和宋士中一起到南昌参加乡试，前者名落孙山，而宋士中却金榜题名，顺利考中了举人。翌年，宋士中到北京参加会试，却遗憾地落榜了。他一气之下，也没有和父亲宋应和商量，参加了吏部的大挑，被委任为丰县知县。经过 16 年的奋斗，40 岁的他升迁为山东兖州知府，正四品，后被改任为南直隶邳州知府。

万历四十八年（1618 年），宋士中因为忤逆了皇帝而被罢免官职，罚往云南充军。宋应星、宋应升兄弟十分同情族侄宋士中，他们一起写了联名信给县、府、提刑按察使，转送到刑部、大理寺，同时附上了宋应和的遗书，为宋士中求情，把他救回奉新老家。

宋应星的族侄宋士中以 23 岁的年纪，顺利考中了举人，这对 13 岁，还是童生的宋应星产生了极大的示范效应。此外，宋应升、宋应星是庶出，他们经常遭到嫡兄宋应鼎的欺负，年纪比宋应鼎大 5 岁的宋士中，多方保护他们，给予他们幼小的心灵极大的温暖和亲情。

第十二位，邓良知。邓良知（邓未孩、邓玉笥、邓宣城，1558—1638年），江西南昌府新建乔乐乡人，55 岁的他于万历四十一年（1613 年）考中进士，在这之前，靠舌耕谋生。他考中进士后，曾任安徽宣城县令、福建兴泉兵备道，镇守兴化府（今莆田市）、泉州府的海防，抵御倭寇，屡次获胜，后任广东布政使司参政。1628 年（崇祯元年），他致仕归乡。年长宋应星 29 岁的邓良知，不仅是其恩师，更是其姻亲关系中的重要一员——邓良知与其小妾所生的女儿，后来与宋应星的长子宋士慧缔结了婚姻关系，从而建立了两家之间的姻亲联系。

第十三位，舒曰敬。舒曰敬（舒元直、舒碣石，1558—1636 年），江西辛卯科——万历十九年（1591 年）乡试举人，万历二十年（1592 年），登壬辰科第三甲第五十四名进士，授江南泰兴知县。舒曰敬是南昌县人，才华横溢，才高八斗，早在 34 岁便考中了进士。

舒曰敬不但有才华，而且还十分正直。他考中进士后，任南直隶泰州府泰兴县（今江苏省泰州市泰兴市）知县时，逮捕了一个恶棍张耀。张耀和泰州吴知府是亲戚关系，他凭借吴知府这个靠山，为了私利，怙恶不悛，坑蒙拐骗偷，无恶不作。其他知县不敢抓捕他，但秉承正义的舒曰敬不怕他，立即逮捕了他。张耀在县衙大堂上，不但不肯下跪，还咆哮如雷，举枷锁打伤公差。公差十分愤怒，情急之下，乱棍将其杖杀。

因为舒曰敬脾气倔强，性格耿直，不服上，所以在仕途上难有进展，最终弃官归乡，在南直隶徽州紫阳书院讲学 20 多年，后在江西庐山白鹿洞书院担任山长。

万历四十年（1612 年），宋应升、宋国璋、廖邦英、帅众前往江西九江府庐山古老的白鹿洞书院进修，师从舒曰敬，并和南昌府新建人涂绍煃、陈弘绪成为同窗好友。宋应升经常向弟弟宋应星讲述舒曰敬的故事。

舒曰敬的才华及其为民请命的精神，对宋应星产生了深远的影响。

第十四位，涂绍煃。涂绍煃（涂伯聚、涂映蔽，1582—1645 年），江西新建人。

涂绍煃的父亲涂杰（涂汝高，生卒年不详），隆庆五年（1571 年）考中进士。起初，他被委任为浙江衢州府龙游县知县，后提升为御史、光禄寺少卿。明熹宗天启年间（1620—1627 年），他被朝廷赠为太常寺少卿。

万历二十一年（1593 年），涂杰因为反对明神宗万历帝把本应立为太子的朱常洛和两个小王子，即万历和郑贵妃生的皇三子朱常洵、万历和周端妃生的皇五子朱常浩，一起封为王，得罪了皇帝，丢掉了官职。不过，涂杰在任光禄寺少卿时利用各种潜规则，狠狠地敛了几次财，所以，他虽然沦为平民，但家里却十分富裕，仅藏书就多达几万册。涂绍煃从小生活优裕，虽然有几分纨绔作风，但因为父亲管教严格，家里是书香门第，所以他知识渊博，为人仗义豪爽。

他和宋应星、宋应升、姜曰广等人均在万历四十三年（1615年）考中了举人。宋应星和涂绍煃不但是好友还是亲家，因为宋应星大哥宋应升之子宋士颧（宋茂韫）是涂绍煃的女婿。

涂绍煃于万历四十七年（1619年）考中二甲第四十五名进士，同年，姜曰广也考中了进士。

涂绍煃历任都察院观政、南京工部主事、河南汝南（一说为信阳）兵备道、四川督学、广西左布政使等职。他在广西大力发展矿冶业、工商业，为此，许多江西人追随他到大西南开发矿藏。

在涂绍煃任职的河南汝南府（今河南驻马店市），宋应星学到了火器研制之法，特别是学到了西洋的"红夷大炮"的制法。"红夷大炮"的铸造，身长一丈，用来守城。炮膛里有几斗铁丸和火药，射程二里，击中者即会粉身碎骨。

明亡之后，宋应星的几位好友——陈弘绪、姜曰广和涂绍煃等人均先后辞官归乡。清顺治二年（1645年）六月，清军攻入江西，涂绍煃带领全家人准备逃到湘黔边，但船行至洞庭湖时，因为突起大风，全家遇难。

涂绍煃崇拜有才学的文化人，而且为人慷慨仗义。宋应星出版《画音归正》，涂绍煃赞助了500两白银。崇祯十年（1637年），他听说宋应星准备出版《天工开物》，他又赞助了3000两白银。宋应星说出版该书有1000两白银就足够了，不要那么多钱财。涂绍煃嘱咐好友，希望他以后多写一些有益于民生日用、利工养农的著作，剩下的2000两白银就算资助他写作的费用。

为此，感恩不尽的宋应星说："吾友涂伯聚先生，诚意动天，心灵格物，凡古今一言之嘉，寸长可取，必勤勤恳恳而契合焉。昨岁（1636年）《画音归正》，由先生而授梓。兹有后命，复取此卷而继起为之，其亦凤缘之所召哉？"①

有道是：宁可不识字，也要会识人。涂绍煃没有看错人，宋应星既有才学

---

①潘吉星．天工开物校注及研究［M］．成都：四川巴蜀书社，1989：51．

又是一位正直清廉的人。清顺治二年（1645 年），涂绍煃带领全家出逃湘黔边之前，把一个孙儿和 15 万两银票托付给宋应星。涂绍煃信任他，也没有写收条——他担心自己被捕获，敌人搜到收条后会牵连到宋应星。宋应星没有辜负好友的信任，听到涂绍煃一家全部沉入洞庭湖之后，他十分悲痛，但没有见财起意，谋财害命。而是把涂绍煃的孙子养大成人，为其成家，并把 15 万两白银完璧归赵。

为人豪爽慷慨的涂绍煃的仗义疏财，资助宋应星出版了《天工开物》，为中华民族留下了宝贵的文化遗产。

第十五位，姜曰广。姜曰广（姜居之、姜燕及，1583—1649 年），江西南昌新建（今江西丰城市同田乡浛湖村）人。他和宋应升、宋应星、涂绍煃同年考中举人，并和涂绍煃同在万历四十七年（1619 年）考中进士，他是二甲第五十六名，名次略后于涂绍煃。

考中进士后的姜曰广，历任翰林院编修、詹事、掌南京翰林院事、北京吏部侍郎、南京礼部尚书兼东阁大学士，后追随提督江西军务总兵官金声桓（？—1649）反清，最终自杀殉国。

姜曰广曾经支持过宋应升，老迈的宋应升之所以能在北京参加大挑后，出任浙江桐乡县知县，就是他出了力。他也支持过宋应星，宋应星在江西袁州府分宜县出任教谕的时候，大刀阔斧地进行学政改革，让分宜县的学风大振，但地方豪绅——包括姜曰广的姨父也不敢欺负他，就是因为宋应星的靠山是在北京任吏部侍郎的姜曰广。

第十六位，陈弘绪。陈弘绪（陈士业、陈石庄，1597—1665 年），江西南昌府新建县人。

陈弘绪的父亲陈道亨（陈孟起，生卒年不详），万历十四年（1586 年）考中进士，官至福建左布政使。陈府藏书丰富，陈弘绪从小勤奋好学，知识渊博。明末，他以秀才承父荫，被推荐为晋州（今河北省石家庄市晋州市）知州。崇祯十一年（1638 年）冬，陈弘绪时任晋州知州，遭大批清兵围困 40 多天，他带领军民浇水于城墙，让敌人无法爬城墙而入，他乘大雾袭击敌人，击退清兵。后任浙江湖州府经历、安徽庐州府舒城知县。崇祯十五年（1642 年），他被委任为安庐监军推官。

崇祯十六年（1643 年），宋应星奉命担任南直隶凤阳府亳州知州，这是他一生中最高的官衔。

崇祯十七年（1644 年）三月十九日，李自成攻占北京，推翻了大明帝国政权。四月，清军入关，建都北京，明朝名存实亡。

宋应星此时看到明朝大势已去，无意恋官，欲挂冠而去，隐居乡间，就写信给好友陈弘绪。陈弘绪得信后，请姜曰广向其门生、淮扬巡抚路振飞（1590—1655 年）周旋，免除其亳州知州职务。姜曰广是路振飞考取进士时的座师。

大明帝国灭亡之后，陈弘绪和宋应星一样，坚持民族气节，没有在清朝担任任何官职。

陈弘绪隐居在南昌西山，"屡荐不就，只应命纂修《南昌郡乘》。"① 宋应星也参与了《南昌郡乘》的撰写，他还特地为其兄宋应升写了传记。

第二节　宋应星的生平

宋应星活了 79 岁（1587—1666 年）。根据其主要活动，他的一生可以分为以下几个阶段：求学并参加科考的 47 年（1587—1634 年）；进入仕途并开始著述的 10 年（1634—1644 年）；隐居乡间的 22 年（1644—1666 年）。

一、求学并参加科考的 47 年（1587—1634 年）

宋应星自幼即从家族长辈处耳濡目染，得知曾祖父宋景的生平事迹、政治成就及人格风范。因此，他对曾祖父怀有深厚的敬仰之情，矢志以曾祖父为楷模，致力于追求卓越的学术与事业成就，以期能够开创一番宏伟的功绩。所以，他从 6 岁开始苦读到 44 岁，一直在科场奋斗了 38 年之久（1593—1631 年）。

宗亲启蒙。6 岁至 10 岁（1593—1597 年），宋应星在初级、中级私塾求学，塾师是族叔宋国祚。宋应星自小与大哥宋应升一起在叔祖父宋和庆（1524—1611 年）开办的私塾读书。

---

①江西省地方志编纂委员会办公室 . 江西古代名人 [M] . 武汉：武汉大学出版社，2018：17.

正如上文所述，宋承庆与其弟宋和庆均为韩氏所出，兄弟间年龄相差二载，同气连枝，情感笃厚。

宋应星、宋应升的塾师是族叔宋国祚，同学有族侄宋士逵、宋士达等人。宋国祚（宋蕴吾）为宋景大哥宋时的孙子，从小博学多才，20岁便考中秀才。其文艺之高、词赋之雅，为同辈之冠。他还是一个大孝子，其父亲宋晊川多病，他服侍父亲汤药几年如一日。他淡泊功名，坚持教育子侄，其儿子宋孟登学识也十分渊博。其族侄宋应升、宋应星均考中举人，前者官至广州知府，后者官至亳州知州；其裔孙宋士逵、宋士达均考中秀才；这都是因为宋国祚教学有方。

当时学子所研习者皆为儒家经典，而课业实践则聚焦于诗词创作与文章撰写之技。据说宋应星七八岁的诗文，常让大人看了惊叹不已。宋国祚十分严格，作业有时候也留得比较多，让宋应星等人经常起早贪黑地阅读、背诵。曾有一次，宋国祚布置了学习任务，要求次日清晨每个学生必须熟练背诵七篇新的古文。然而，由于年幼且贪睡，宋应星早早便进入了梦乡。相比之下，宋应升则勤奋刻苦，研读至深夜，清晨又早早起床，反复诵读古文。次日到学堂后，宋国祚询问学生们是否已经熟读，众学生均回答已熟。然而，宋国祚心存疑虑，决定抽查几位学生。当抽查至宋应星时，他竟能流利背诵出这七篇古文，又得知宋应星是通过聆听兄长宋应升的朗读而背诵成功后，宋国祚深感惊讶。自此，宋国祚对宋应星便另眼相看，认为他天资聪颖，遂悉心指导其学习诸多知识。

高级私塾。10岁至14岁（1597—1601年），宋应星在高级私塾学习，老师为邓良知。正如前文所述，邓良知（邓未孩、邓玉笥、邓宣城，1558—1638年），江西南昌府新建乔乐乡人，55岁的他于万历四十一年（1613年）考中进士，在这之前，靠舌耕谋生。

宋应升与宋应星的同窗包括堂叔宋国璋、宋士中以及廖邦英。宋国璋（宋毁白、宋玉津，生卒年不详）为宋和庆之子。宋士中（宋菁莪、宋然石，生卒年不详）为宋应和之子，他后来考中举人并担任工部郎中等职务，同时他也是宋应星兄弟的族侄。廖邦英（廖千谓，1569—1642 年），江西奉新诗人，未曾出仕，他是宋应星兄弟的契友和亲家。

宋应星在高级私塾接受了忠君爱国、富国养民、重视农业、选贤锄奸、民族正义、坚持真理等思想。这些均成为他后来思想的出发点。由于他的老师们学识渊博、品行端正，所以他接受了较多的积极思想。之所以这些老师均德才兼备，那是因为他们都是由宋和庆严格挑选出来的，目的是让宋家子弟受到较好的教育。

万历二十七年（1599 年），宋应星的嫡母甘氏病逝，遗留下次兄宋应鼎，但已经 18 岁了。宋应升、宋应鼎、宋应星、宋应晶四兄弟安葬甘氏于高塘山，服丧后继续学习。

宋应星 15 岁至 28 岁（1602—1615 年）是县学秀才（附生）。万历二十九年（1601 年），15 岁的宋应星考中童生。经过层层筛选的县考、府考、院考，万历三十年（1602 年），宋应星成为奉新县学的附生，开始从教谕那里接受较高的正规教育。

笃志好学。在县学的学习期间，宋应星展现出了深厚的学术造诣和广泛的学习兴趣。他深入研究四书五经，这些儒家经典成为他学术的基石，也奠定了他扎实的学问基础。同时，他还积极研读《国语》《史记》《汉书》《后汉书》等史书以及诸子百家之书，从中汲取了丰富的历史知识和多元的思想观点。宋应星在学术研究上尤为系统，他深入研究了张载、周敦颐、朱熹、程颢、程颐等理学大家的著作。这些理学大师的思想和理论，为他提供了深刻的哲学思考和人生启迪。宋应星最推崇宋代四大家之一的张载以及他的"关学"。"关学"属于宋明理学中"气本论"的一个哲学学派，近似现在的唯物主义史观。受张载的影响，宋应星渐渐有了天人合一、万物并育、道法自然，人与自然和谐共生这样的观点。此外，宋应星还广泛涉猎了农医历算等科学技术著作，如《天文志》《律历志》《糖霜谱》《墨谱》《本草纲目》《农政全书》等。这些书籍不仅丰富了他的知识体系，也拓宽了他的学术视野。

明代学政规定：岁考是迈向高一级功名的重要考试，它也是由省学政亲自主持的考试，每三年举行两次。岁考分为六个等级，只有获得三等以上的成绩，学子们才有资格继续参加乡试。1611 年，年仅 24 岁的宋应星，正值意气风发之时。他凭借着自己扎实的学识和出色的表现，成功在岁考中脱颖而出，获得了参加乡试的资格。

分家析产。家庭人口规模的扩张，导致管理日益复杂，各方利益难以均衡。在此背景下，思想开明、具备深厚文化素养的老秀才宋国霖，于其四子宋应晶新婚之后，毅然决定立即进行分家析产，以期优化家庭治理结构。

万历三十二年（1604 年），在宋国霖的主持下，18 岁的宋应星与大哥宋应升、二哥宋应鼎和四弟宋应晶分家了。宋国霖深思熟虑，将全部家产分为四又三分之一股（4＋1/3）。宋应鼎作为嫡子，得到了额外的三分之一股，而宋应星、宋应升和宋应晶这三位庶子则各得一股。这样的分配既体现了家族的传统，也保证了每个儿子都能得到应得的份额。14 岁的宋应晶也已经成家，但由于年幼，因此分家后，其生母王氏代为管理家务，直到他成年。而宋国霖则选择在四个儿子的家中轮流用餐，享受天伦之乐。王氏则带着宋应晶夫妇一同生活，相互扶持。经过这次分家，宋家的家产虽然看似仍然丰厚，但四又三分之一股的拆分使得每个小家底都显得更为单薄。

宋应星家分到了 45 亩可种植水稻的水田，几亩旱地和 1000 多亩山林。此外，还有一些白银和家常用具，虽然不算特别富足，但也足以维持一家人的生计。分家后，宋应星正式开启了他独立的人生旅程。在母亲的悉心指导下，他学会了如何管理家务，如何规划未来。这段日子，他既感受到了生活的艰辛，也体会到了成长的喜悦。这段经历，无疑为他日后在科举道路上的坚持和成功打下了坚实的基础。

分家后，魏氏与长子宋应升一家生活，帮助照顾五位孙子——宋士颖（宋茂挺）、宋士璜、宋士颧（宋茂韫，涂绍煃的女婿）、宋士琐和宋士融。宋应升不仅是一位孝子，对母亲恭敬有加，更是一位仁义的兄长。他与三个弟弟关系和睦，彼此扶持，共同维护着家族的和谐与繁荣。他与一奶同胞的弟弟宋应星，两人的关系更是亲密无间，无论是在学业上还是在生活中，都相互扶持，共同进退。

宋应星的弟弟宋应晶曾经到北京参加科举考试，因为答卷中出现了讳字，被录取为副贡生。一次，他打算乘船去参加科举考试，突然，鄱阳湖吹起大风，几艘船翻覆了，深感恐惧的他下船回家，从此绝意科举，搬迁到奉新县城郊区隐居了一辈子。他之所以如此，还有其他原因：首先，他的第二个妻子系张相国千金，出身于富贵之家，不愿栖身于乡野之地；其次，宋应晶对张氏情深意重，不愿让她跟随自己在清苦的书斋生活中备受冷落。

宋应星自幼才智出众，然其科举之路多舛，六次应试皆未中第。但他屡败屡试之旅，为其深入实地考察之契机。赴试途中，遍历南北，观察农田、作坊，详尽记录所见所闻，为完成科技巨著《天工开物》奠定了扎实的基础。

六上公车。宋应星从 29 岁至 44 岁（1616—1631 年），六上公车均落榜。六次分别是：万历四十四年（1616 年）、万历四十七年（1619 年）、天启二年（1622 年）、天启五年（1625 年）、崇祯元年（1628 年）和崇祯四年（1631年），他基本上每三年到北京参加一次会试。

万历四十四年（1616 年），29 岁的宋应星第一次赴北京参加了会试。万历四十三年（1615 年）的冬天，宋应星和哥哥宋应升等人从奉新县出发，万历四十四年（1616 年）二月抵达北京，在路上用了将近五个月的时间。

宋应星兄弟和乡试同年姜曰广、涂绍煃、李光俌等人踏上去往北京的征程。他们从奉新县沿着水路来到了南昌府，从南昌码头乘船经赣江至鄱阳湖，再北航到了江西省九江府湖口县江面，再沿着长江往下行船到南直隶（今江苏、安徽一带）的镇江，在镇江下船后，再乘船横渡长江到江北的瓜洲镇，在此转船沿着京杭大运河北上。途经扬州、高邮、淮安、徐州、济宁、东昌、临清、沧州、天津卫、通州，在通州下船之后，沿陆路到京城朝阳门，走过街道到会试登记处报名。从此可发现，宋应星他们北上路线除了尾段是比较短的陆路之外，其余长途路线均是乘船走水路。

在这几万多里的北上征途中，宋应星途经了江西、安徽、江苏、山东、河北五个省，路过了南昌、湖口、安庆、芜湖、南京、镇江、常州、扬州、淮安、徐州、济宁、临清、德州、沧州、天津卫、通州等16个重镇。从小爱好游历的宋应星，大开眼界，沿途进行了田野调查，了解了各地的农业、手工业、矿冶业等生产技术和民情风俗，为其后来撰写《野议》《天工开物》积累了许多写作素材，为其思想的发展和形成产生了深远的影响。

宋应星兄弟在二月九日、十二日和十五日三场考试中认真答卷，但发榜时发现贡士名单中没有他们的名字，竟然名落孙山了。然而，不学无术的顺天府考生沈同和却靠行贿舞弊成为第一名贡士。副都御史沈季文的儿子、吴江举人沈同和的第一篇文章全部是坊刻，而且他贿赂了礼部官员，买了编号，和同乡举人赵鸣阳连舍，代他答卷。朝廷追查后，沈同和被革除了功名，并和赵鸣阳一起被逮捕。此科会试没有第一名，从第二名起。当时赵鸣阳也考中了第六名贡士，他未能参加殿试，被革除了功名。

沈同和靠买通考生编号、挟带小抄和旁人代答的卑劣手段骗取了会元的功名，最终身败名裂。这件事情在北京曾经轰动一时，臭名昭著，考生一片哗然。

宋应星兄弟亲身体会到了明末科场的黑暗和丑恶。和他们兄弟一起来北京会试的江西举人姜曰广、涂绍煃等人，也名落孙山了。他们无意在北京逗留，于是立即启程回江西老家。

回乡有水路和陆路。水路：他们从通州乘船沿京杭大运河至浙江的杭州，再沿着钱塘江乘船到浙江的衢州，再换船沿着锦江到江西的余干，再换船途经南昌抵达奉新县的雅溪。通常，顺水行船每日可走400华里，逆水只能走100华里。同样，他们需要几个月的时间才能从北京回到老家。陆路：乘坐马车等交通工具，从北京出发，途经真定、开封、信阳、武昌，再从武昌换乘船沿水路回奉新县的雅溪。走陆路的时候，如果天黑，必须在旅店住宿。

所有的这些路线是宋应星以后五次会试的必经之路，他对沿途各主要地点的农业、手工业、矿冶业的生产技术及民情风俗都比较熟悉了。

万历四十四年（1616年）的状元是浙江嘉善县人钱士升（1575—1652年）。

第一次会试落榜之后，宋应升、宋应星等人趁为恩师邓良知庆祝六十大寿的机会，到新建县拜访了恩师，向他请教如何写好八股文。邓良知说："实话说，真正能体现出考生实际水平的，按说还是后两场的策论文章。八股文都是重复关、闽、濂、洛的现成言论，尤其是朱熹老先生的《集注》，还不允许作者发表自己的见解，哪里能考出什么水平？说来你们也不信，连我自己都不知道自己的八股文好在什么地方以及它是如何被考官选中的。其实，每一届会试，除了水平实在差的那一批人之外，起码有三分之一，也就是说，这二三千位考生的八股文的内容手法均难分伯仲，录取谁和不录取谁，这里面有很大的成分是碰运气的。但现在的科举取士，却偏偏是专门注重八股时文，之所以如此，那是因为阅卷时比较简便省事。不过，话又得说回来，对于一个没有朝廷背景的考生而言，总还是以文章做得越高妙越好。你要是能写得出类拔萃，让所有的考官都能一眼就发现出你的高明来，那怎么着说，你被录取为进士的概率也就会更高了。所以，你们多花些心思琢磨琢磨这方面的道道，我看也是很有必要的。不过，我虽然侥幸中了个三甲同进士出身，其实对于八股文的做法，也没什么心得。我过去教你们的，都是一些十分基础的知识，现在也做不得用了。"

万历四十七年（1619年），32岁的宋应星第二次赴北京参加了会试。万历四十六年（1618年）秋，宋应星兄弟第二次踏上了赴北京参加会试的征程，路线和第一次一样，以参加万历四十七年（1619年）二月北京举行的万历年间的最后一次会试。这一年，宋应升41岁，宋应星32岁。

宋应星认真考完了三场，等待发榜。他们兄弟又和姜曰广、涂绍煃等好友见面了。榜公示后，上面列举了350人，二甲第五十六名为姜曰广，二甲第四十五名为涂绍煃。但宋应升、宋应星第二次名落孙山了。

姜曰广被授翰林院庶吉士，不久升迁为翰林院编修。涂绍煃被授予都察院观政，两人均留在北京为官。宋应升、宋应星兄弟和他们握手话别后，沿陆路返回奉新县。

万历四十七年（1619 年）的状元为福建永春举人庄际昌（庄梦岳、庄景说、庄羹若、庄羹元，1577—1629 年），他会试和殿试都是第一名。明末三位名人——袁崇焕、孙传庭、马士英也在此年考中了进士，袁崇焕（1584—1630 年）名列三甲第四十名，孙传庭（1593—1643 年）在其后，为三甲第四十一名，马士英（1591—1646 年）为二甲第十九名。

宋应星参加完 1619 年的会试后不久，明神宗万历帝朱翊钧病死，太子朱常洛嗣位不到两个月便被毒杀，同年（1620 年）明光宗泰昌帝朱常洛的儿子朱由校（1605—1627 年）登基即位，改年号为天启元年，他便是明熹宗。

明熹宗在位七年，实权掌握在大太监魏忠贤手里。

天启二年（1622 年），35 岁的宋应星第三次赴北京参加了会试。这次会试，录取了文震孟等 400 多位进士，而宋应星兄弟第三次名落孙山了。

天启二年（1622 年）的状元为江苏长洲（今江苏苏州）举人文震孟（1574—1636 年）。

天启五年（1625 年），38 岁的宋应星第四次赴北京参加了会试。这次的主考官为魏忠贤亲信——顾秉谦和魏广微。他们利用主考机会，公开营私舞弊，放肆勒索钱财。这一次会试，宋应星好友姜曰广任北京顺天府主考官，因为拒绝为魏忠贤徇私录取关系户，被削职为民。

在这种情况下，宋应星兄弟第四次的会试又失败了。

天启五年（1625 年）的状元是浙江会稽（今浙江绍兴）举人余煌（1588—1646 年）。

崇祯元年（1628 年），41 岁的宋应星第五次赴北京参加了会试。天启七年（1627 年），23 岁的明熹宗朱由校撒手人寰，其兄弟朱由检即位，他便是明思宗崇祯帝。此年十一月，崇祯帝诛杀了魏忠贤。翌年，崇祯帝铲除了魏忠贤的党羽。

　　朝廷政局的变动，让宋应升、宋应星兄弟对科考又抱有了幻想，认为从此科考会更公正了。正好此时又是一次会试之年，所以宋应星兄弟又来到了北京参加了第五次会试。这次会试录取了曹勋等人，宋应星兄弟两人又落榜了。

　　崇祯元年（1628 年）的状元是南直隶安庆府怀宁县举人刘若宰（1595—1640 年）。

　　宋应星兄弟回乡之后，已经 83 岁的老父宋国霖生病多日，翌年冬，即崇祯二年（1629 年）病逝。同年，他们同父异母的兄弟宋应鼎也病死了，年方 47 岁。此年对宋家而言可谓是流年不利。

　　宋应星兄弟服丧期满之后，决定再次参加一次会试，希望能顺利考中进士。

　　崇祯四年（1631 年），44 岁的宋应星第六次赴北京参加了会试。前一年秋，43 岁的宋应星和 52 岁的宋应升告别了老母和妻儿，赶到了北京参加了翌年二月的会试。

　　这一年，宋应星兄弟第六次考进士失败了。

　　崇祯四年（1631 年）的状元是河南杞县举人刘理顺（1582—1644 年）。

　　由前文可知，宋应星科举之路多舛，六次应试皆未中第。宋应星六次到北京参加会试均落榜，其主要原因估计是以下几点：第一，科场存在潜规则，舞弊严重，而宋应星没有政治背景和经济实力运作潜规则。第二，他青年时期形成的思想观念和八股文章、策论，即和主考官的要求之间存在一定的矛盾，不符合他们的价值取向。第三，他每次参加会试的运气都很差。

　　然而，宋应星是有真才实学的，他所参加的六次科举考试的状元——钱士升、庄际昌、文震孟、余煌、刘若宰、刘理顺，多籍籍无名，成就远不如他。甚至可以毫不夸张地说，明代 90 位状元的历史贡献和国际影响力均不如宋应星一人。

　　在 1616 年至 1631 年的 15 年内，宋家的家境开始衰落，随着儿女们的长大、读书、结婚、出嫁都要支付很多钱财，原有的几十亩土地已部分卖给了别人。53 岁的宋应升已经是老年人了，眼看无法养家，于是决定留在北京参加吏部铨选。

由于得到了乡试同年、吏部侍郎姜曰广的关照，宋应升幸运地被委任为浙江桐乡县县令。他从北京出发，沿着水路抵达了浙江桐乡县。他在途中写信回家报喜，并在信中表示要把老母魏氏接到任上一起生活。

宋应星于崇祯四年（1631 年）返回奉新县老家，翌年，老母病逝。宋应升惊闻噩耗，悲痛地从浙江回乡奔丧。他没想到前年秋天离开母亲北征之后，便成了永别。兄弟二人安葬了母亲之后，又居家丁忧了 27 个月。

由于宋应星急着回家探望重病的老母，所以他失去了 1631 年在吏部铨选的机会。一直到崇祯七年（1634 年），他才能外出谋职，而这时候由于大明帝国发生了严重的财政危机，外有满洲贵族集团的入侵，内有农军蜂起，各地不断裁员，已经没有什么官职可挑选了。而这时候，宋应星也已经是 47 岁，进入老年了。

二、进入仕途并开始著述的 10 年（1634—1644 年）

（一）担任分宜教谕的四年（1634—1638 年）

崇祯八年（1635 年），宋应星出任江西袁州府分宜县从八品教谕，负责教育县学生员，一直到崇祯十一年（1638 年）调任汀州为止。在分宜任教谕的四年中，宋应星发现学政存在一些问题。

其一，教学内容陈旧，脱离实际。分宜县有一位教谕（司铎）和两位训导，教谕是举人，两位训导是国子监贡生（副举）。教学的课程有四书五经、八股文章和六艺（礼、乐、射、御、书、数）。为了对付上司检查，县学备有两把弓、几支箭、一头老黄牛和一架破牛车，生员们根本不学"射、御"。

在明末这个衰乱之世，需要大批精通兵、农、礼、乐、工、虞、士、师等实学的人才来改革时弊、治国安邦和济世安民，而县学的教学内容却脱离实际、空疏无用，这不但无法培养出人才，反而在败坏人才。

其二，滥竽充数的假生员多。由于生员享有一定的政治、经济和社会特权，所以无论穷富，均纷纷送钱给权贵，请托权贵写条子给知府、知州和知县，从而让一些文盲、未成年的儿童也买到了生员功名，部分豪绅权贵借此日进斗金。明代的"生员泛滥日益严重。"①

当时，只有 6 万人的分宜县，竟然有 535 位生员，差不多占全县人口的 1%。宋应星在上任分宜教谕的十一月进行了一次季考，结果有 120 名生员以丁忧的名义请假弃考，参加考试的 435 人，达到生员水平的不过一成 54 人，未达到生员水平但尚且可造就的也不过一成 54 人，其余八成 428 人均属于不可造就，其中三成 120 位假生员竟然对儒家经典和文字表达一窍不通。②

其三，考核制度形同虚设。明初，县学生员要到府学参加三年一次的岁考。岁考之前，必须填写生员基本信息表——《格眼册》。府学、州学的学官要填写岁考生员的统计表——《便览册》。岁考的内容是四书两道，均写八股文。学考成绩揭榜后，省学政根据《六等黜陟法》，按生员的成绩把其分为六等，汰弱留强，奖优罚劣。六等生员分别是：廪生、停廪生、增生、附生、青衣生和发社生。

到了明末，许多县学已无月考、季考、岁考和科考，县考、府考、院考也存在很多徇私舞弊的行为。有真才实学的贫寒子弟无法添补成廪生，食廪到期或本该淘汰的廪生却霸占了名额。

国家治乱取决于人才的多寡，官府选才之策以考试为本。县学考试是为了评估生员综合素质而开展的一种信息征集活动，它是衡量人才的一种尺度。它既具有学术性，又具有行政性。县学考试是效果较好的甄选人才的方式。因为，它符合好强竞争的人性，为每个生员提供了公平竞争的机遇；它

---

① 姜徐淇，何阅雄. 明朝的教育腐败与治理措施［J］. 莆田学院学报，2022（1）：97－102.

② 聂冷. 宋应星［M］. 北京：新华出版社，2003：291－296.

能评估出生员素质的优劣贤愚；它能把稀缺的廪膳生名额留给最优秀的生员；它可以为国家挑选出素质较高的人才。县学缺少严格的考试，其后果是极其严重的。

其四，权威缺失的教官不敢严格管教豪绅家族的生员。县学教官地位卑微，无权无势，当他们想惩戒不肖学生时，知县可以阻拦，知府可以推翻。对品劣学差的生员，教官只能对少数贫寒子弟进行教育，对官绅、权贵子弟亲属中的问题学生，则不敢严格管教，担心遭到报复，丢掉学官职位。就是知县、知州、知府，对豪门问题学生，也心存顾忌，放任不管，甚至袒护之。

正如涂尔干（Emile Durkheim，1858—1917 年）和雅思贝尔斯（Karl Theodor Jaspers，1883—1969 年）等人所言，教育的本质是一种权威性、神圣性的活动。教师权威是教育权威的关键要素之一。师严而后道尊，只有教师具有一定的权威，学生才会主动吸收其传授的道，并外化于行，内化于心。教师权威的丧失，必然会导致育人价值的流失和教育效果的折损。

其五，学政腐败导致大批儒生投敌。正如罗尔斯（John Bordley Rawls，1921—2002 年）在《正义论》（*A Theory of Justice*）中所言，社会阶层的流动有利于达成公民之间的平等，弱化由于社会等级差别导致的矛盾，从而促进社会的稳定。公正的科举考试，在一定程度上约束了权贵的特权和腐败，为穷苦贫寒子弟的进取提供一个公平竞争的机会。

然而在明末，由于学政腐败，许多贫寒子弟多次应考，但是名额被腐败分子霸占，无法进入县学、府学成为生员，只好"流落求馆，计无复之，则窜入流寇之中为王为佐，呈身夷狄之主为牒为官，不其实繁有徒哉！……今天下缙绅举子，不能勤生俭用以自竖立，而以荐进名字为无伤之事，不知逼能文之贫士而为渠魁寇盗，朘无识之富室而为负债窭人，皆由此。"[①] 贫穷的落第书生

---

① 蔡仁坚，蔡果荃编著 . 天工开物科技的百科全书［M］. 北京：九州出版社，2021：247.

无法行贿，不得不去当塾师舌耕谋生，实在走投无路，只好参加农民军或满洲贵族军事集团。换言之，学政腐败已经威胁到了大明政权的稳定。

于是，宋应星便决定取消学习与时代不相符合的射、御之艺。他让两个训导把学堂的两张弓、几支箭、一头老黄牛和一架破牛车全卖了，卖得的钱用来买一些艺文杂谈、小说笔记、格致物理之类的书籍收藏在藏书室里。让廪生们除了读四书五经之外，也要多读杂书；在艺这一方面，强调学习琴、棋、书、画，尤其注重学习画。另外，又通知现有的 535 名生员 3 个月后举行季考，季考不合格的就除名。最后，宋应星让两位训导拟一个布告，告知当地百姓，明年三月县学招收生员，无论贫富子弟都可以来参加考试，不接受任何请托送礼，完全凭真才实学录取。经此一举便可以清除一部分假秀才，招进一部分家贫无助的真秀才，以正学风。

当年十一月，季考的结果出来了。在 535 名诸生中有 120 名以丁忧的名义请假，他们不惜用父母死亡的谎话来逃避考试。而在参加了考试的 400 多人中，真正懂得经书旨趣而成文可观者，不过 10%；未能达到应有水平但尚属可造者，也不过 10% 而已；其余 80% 都是属于"朽木不可雕也"一类的角色，而其中对经书意义和文字表达一窍不通的，起码达到了 30%。于是，在考试结果公布后，宋应星毫不含糊地宣布第一批汰除了排名最后的 30%，共计 160 名伪秀才。他严令其余生员必须认真学习，否则，明年再考而成绩依然没有进步的人，作为第二批淘汰。此令一出，吓得那些平日里根本不读书、不写字、不算数、游手好闲的秀才不得不重新捧起书本学习起来。

第二年三月考试了一次，宋应星录选了 50 名学业真正优秀的贫寒子弟，其中 10 名充廪，填补了去年食廪到期或遭到淘汰后留下的廪膳生空缺；另外的 40 名作为增广生，等待岁考和院试合格后，可以参加乡试，获得中举的机会。该举措的实施，改变了秀才只有花钱买或者说是有钱就能买秀才的情况，使得一些贫苦人家看到了靠子弟读书来改变门楣家境的希望。

此外，宋应星还亲自给生员开格物讲座，并带领生员做物质转化、生灭，以及声音传播等实验，生员们学得生动活泼，县学里的学习气氛空前活跃。两位训导看见新教谕如此身手不凡，使得生员们个个都心悦诚服，也就更加一心一意、勤勤恳恳。训导们在教书育人的同时也抓紧自学，不断提高自身水平；同时坚持对全县生员实行每年两考，奖优罚劣。然后由宋应星斟酌，每次淘汰几名，既足以作为惩戒的手段，又不至于发生太大的震荡。在其各项举措有条不紊的实施之下，分宜县的文教事业焕发了勃勃生机。在他任职的四年中，分宜县学风大振，取得了优良的教育成果，分宜百姓深感满意。

（二）担任汀州推官的两年（1638—1640 年）

崇祯十一年（1638 年）7 月至崇祯十三年（1640 年）7 月，宋应星任福建汀州府推官。

崇祯十一年（1638 年）宋应星在分宜任期满，因考列优等，跨省升任福建汀州府推官（正七品）。推官为省观察使下的属官，掌管一府刑狱，俗称刑厅，亦称司理。前后宋应星只任职约二年。汀州府下辖有八县，即长汀县、宁化县、清流县、归化县、连城县、上杭县、武平县和永定县。

宋应星任汀州府推官期间，到省城福州协助学政组织乡试，并圆满地完成了任务。

崇祯十三年（1640 年），宋应星因为要去南昌西山见好友刘同升（刘晋卿，1587—1645 年）、李日辅（李元卿、李匡山，1581—1643），虽然任期未满，但他提前向上司请假返乡了。刘同升是崇祯十年（1637 年）状元，吉安人，李日辅是万历三十四年（1606 年）举人，隐居在南昌龙沙西禅堂中。30 年前的万历三十八年（1610 年），宋应星和刘同升、李日辅在南昌西山约定了这次重阳节之会。

在宋应星赋闲奉新县老家期间，发生了两件大事，证明帝国政权已经岌岌可危了。崇祯十一年（1638 年）9 月，皇太极命令清军第四次大举南下入关，入侵大明帝国，导致山东等 70 多个县城失守，46 万余人畜被俘，史称"戊寅之变"。翌年，即崇祯十二年（1639 年）8 月，前一年被朝廷招安的张献忠在湖北谷城再举反旗，与李自成兵分东西两路起义，中原再度陷入内战之中。

（三）担任亳州知州期间（1643 年秋—1644 年初）

崇祯十六年（1643 年），此时的明王朝已是风雨飘摇，朝廷又请出宋应星任南直隶凤阳府亳州（今安徽亳州市）知州。

宋应星赴任后，州内因战乱破坏，连升堂处所都无，官员多出走。因此，宋应星在安徽亳州知州任上仅待了三四个月，主要精力在招附流亡、重建州衙门、筹建书院上。

崇祯十六年（1643 年）三月明亡后，他即辞官回乡。

崇祯十七年（1644 年）五月，福王在南京建立南明政权。南明时，宋应星被荐授滁和兵巡道及南瑞兵巡道（介于省及府州之间的地区长官），但宋应星均辞而不就。

综上所述，宋应星一生从政时间仅为六年半，主要从政地为江西袁州府分宜县。

三、晚年归隐的 22 年（1644—1666 年）

宋应星从安徽省凤阳府亳州弃官南归后，一直在江西省南昌府奉新县老家隐居到康熙五年（1666 年）病逝。

不久，清军南下，1645 年四月攻占扬州，屠杀了 80 万人。五月，清军攻占南京，接替姜曰广任礼部尚书的钱谦益出城投降。清军在中原的残暴和破坏，导致各地汉族人民纷纷起来反抗。在家隐居的宋应星也参加了抗清运动。他在崇祯十七年（1644 年）四月清军包围北京之时，就按捺不住自己的激动心情，痛恨残暴的清军和投清变节分子，于是写成了《春秋戎狄解》一书，借古讽今，伸张民族大义，在南方制造反清的舆论。

据《宋氏宗谱》记载，大约在南明弘光元年（1645 年），58 岁的宋应星还撰写了《美利笺》一书，今已散佚。此书估计是属于传奇之类的文学作品。时逢国变，江西遭兵灾之苦，而他又无力挽狂澜的军政才干，内心郁闷，于是塑造了一位具有奇特经历的英雄人物以抒其愤。《美利笺》中的主人公绝非才子佳人，而应是英雄人物，也揭露、批判了社会中一些丑恶现象。该书显示了宋应星的文学才华，它估计已经和《天工开物》《卮言十种》等书一样被刊行，而且在康熙初年还可以看到，以后才逐步散佚的。

南明弘光元年（1645 年），广州知府宋应升（1578—1646 年）已经 67 岁了，他患病初愈后，被同事送回奉新老家。他和弟弟宋应星既喜也悲，喜的是兄弟久别重逢，悲的是国事艰难。他们虽然隐居在奉新乡村，但密切注意时局变化，讨论反清复明的对策，寄希望于南明政权的复兴。但不论是南京的弘光政权，还是福建的隆武政权，均让他们失望了。这两个南明政权灭亡之后，顺治三年（1646 年）冬，南昌城沦陷后，68 岁的宋应升在家服毒殉节。他之所以没让弟弟和自己一起走这条路，那是因为他认为自己年近古稀，死活无所谓，但弟弟还年轻，还有亲人需要他的保护、照顾。

宋应升和宋应星是一奶同胞的亲兄弟，两人虽然相差 9 岁，但从小一起长大、求学、科考。因为是庶出，宋应星有时候会遭到同父异母的二哥宋应鼎（宋国霖和嫡妻甘氏所生）的欺负，宋应升对其多方保护。大哥宋应升的惨死，给他心里带来很大的创伤。同时，南明政权的迅速崩溃，也让他深感失望和悲愤。

宋应星安葬了和他多年相伴的胞兄之后，便在奉新县过着隐居生活。他在国难、家难当头之际，迎来了自己花甲之寿，忧闷的心情夺走了他生日的愉快。

宋应星逐步作了自我心理调整，决定在自己的小天地里继续过隐士的生活。他整天粗茶淡饭，有时还会在房前屋后从事一些农业劳动，例如种菜等，或者与村内的老者下围棋，因为他是一位围棋高手。总之，他找到了一些方式让自己得以安度晚年，平静地了此一生。

明亡之后，宋应星的几位好友——陈弘绪、姜曰广和涂绍煃等人均先后辞官归乡。

1645 年 6 月，清军攻入江西，涂绍煃带领全家人准备逃到湘黔边，但船行至洞庭湖时，因为突起大风，全家遇难。宋应星从此失去了一位最好的朋友。此外，到了顺治五年（1648 年），他的另一位朋友姜曰广也在南昌自杀殉节了。他只能和陈弘绪常来往。

清初，隐居在奉新县乡下的宋应星，和好友陈弘绪一样，屡拒清政府的招聘，在家读书、写书、种田，或和儿孙们在一起。顺治年间（1644—1661 年）多次开科取士，他教育子孙不要应清政府的科举考试，因为他始终坚持反清的政治立场。顺治十二年（1655 年），68 岁的宋应星应朋友陈弘绪的请求，撰写了《宋应升传》。当时，陈弘绪负责编纂《南昌郡乘》，该书于康熙二年（1663 年）出版了。康熙元年（1662 年）出版的《奉新县志》也刊登了宋应星撰写的《宋应升传》。

宋应星有两个位女儿、两个儿子，长子宋士慧（宋静生）、次子宋士意（宋诚生），均出生于万历末年至崇祯年间。兄弟两人敏悟好学，长于诗文，英姿秀爽，每次外出，人们均称他们为"双玉"。童年时，两人相继进入奉新县学，而且宋士意考了第一名，成为廪膳生。兄弟两人经常相互催诗，纵谈天下大事，但乡试落榜后谢绝科举，以青衿而终。也许是天妒英才，宋士意年轻时便早逝了，也无后。实际上和宋应星在一起时间最长的是他的长子宋士慧。宋士慧有三子：宋一仪（宋于陆）、宋一传（宋淑先）、宋一佐（宋左人）。

据田野调查可知，宋应星归隐奉新雅溪期间，业余时间也会从事堪舆工作。周边村落的村民信仰堪舆学，每当家里要进行土工作业的时候，都会请他到场指点一二。宋应星通过堪舆赚了一笔钱，他用这笔钱在今宋埠镇新建造了一栋房子。冬季和春节，他和亲人在这栋新房子内生活，夏季便到今牌楼村的老宅内生活。

宋应星晚年在清初期间度过了 22 年的漫长岁月，像他这种勤于著述的人，在这期间肯定不会饱食终日，一定写下了许多文字。可惜后人没有保存好，随着岁月的流逝而逐渐散失了。

宋应星生前多次教导子孙，一不要参加科举，二不要进入仕途做官。这除了体现了他反清的政治立场外，还可发现：其前半生的经历和感受，导致他形成了反对科举的理念。研究他这 22 年的思想变化和活动，是很有意义的课题，可是当前缺少足够的资料。希望今后通过进一步的挖掘，会有新的史料不断涌现出来。

宋应星的思想影响到他的后代，在整个清代没有一个科举入仕者，其末代后裔多是普通的农民。当然，他的两个儿子和三个孙子仍基本上是读书人，只不过在清代没有取得科举功名，也没有外出做官罢了。

宋应星的三位孙子均是长子宋士慧所生。其中第二个孙子宋一传寿命不长，没有留下后人。长孙宋一仪有三子：宋三鉴、宋三锋、宋三铭，幼孙宋一佐有两子：宋三璨、宋三珙。其中，宋三鉴和宋三璨最有文采。

在宋应星四兄弟中，其大哥宋应升、二哥宋应鼎和弟弟宋应晶这三房，都人丁兴旺，血脉一直流传到今天，只有他这一房人丁稀少，不少后裔短寿或无子。从宋应星长孙宋一仪起，下传四代到宋九骧（1796—1820 年）。宋九骧是宋应星这一房的最后一个直系后代，只活了 24 岁。他无子，所以他死了之后，宋应星这一房即完全断后了。

第三节　宋应星的成就

由于出身于书香门第，家学渊源深厚，所以宋应星才大学博，对人文社会科学、自然科学均比较精通，而且他有行政领导能力。所以，宋应星应该是杂家（博学家），也可以称他为思想家、科学家和政治家。

一、宋应星是思想家，提出了许多真知灼见

宋应星是一位独具见解的思想家，撰写了许多人文科学方面的著作，如创作于崇祯九年（1636 年）的《野议》《思怜诗》，创作于崇祯十年（1637 年）的《论气》《谈天》等。

其思想主要包括以下十个方面内容：一是科学思想。批判迷信、重视实验、创立新学说。二是自然思想。提出了形气转化论、朴素的物质守恒论和批判迷信论。三是哲学思想。强调人类对自然界具有主观能动性和受动性。四是经济思想。主张以农为本、通商惠民、反对高利贷和土地兼并。五是技术思想。认为技术是创造财富的基本，技术来自实践。六是军事思想。认为军队要做到自给自足，从敌方取得粮草为上策；强调打胜仗的关键在于将军。七是教育思想。批判科举作弊，倡导实学，要求文人知行合一。八是社会思想。主张关心国家大事；认为剥削是国家动乱的根源；要减轻商税，增加商品、厚农资商、厚商利农。九是美学思想。把自然界作为审美对象，重视人格美和天人合一。十是人生思想。主张薄名利、敢创新和多贡献。

对于宋应星这样一位著名的科学家、思想家及其代表作，是很值得进行研究和介绍的，这也是整理、继承中华优秀传统文化遗产的一部分。目前就宋应星的研究而言比较繁多，但至少在以下几方面有待进一步深入：第一，宋应星的生平史料有待深入挖掘、搜集，尤其是其晚年 22 年（1644—1666 年）的史料。第二，《天工开物》中对手工业、矿冶业有所涉及，但是不够深入，还应搜集、梳理相关史料，进行深入研究，以揭示明代及其之前我国手工业、矿冶业的发展情况。第三，《天工开物》对衣食之源的农业特别重视，放在该书的最前面，宋应星对明代及其之前农业技术的介绍，要从农史的视域进行深入的探讨。第四，宋应星至少创作了 10 部著作，留存于世的除了《天工开物》，还有《野议》《论气》《谈天》《思怜诗》，要从哲学的视域去研究这几部著作，加深对宋应星哲学思想的研究。第五，从 20 世纪 70 年代江西学者发现宋应星遗著以来，有许多被忽视的古代科学家及其遗著必将会逐渐被挖掘出来。例如，明代的两位王爷科学家——植物学者朱橚和天文、数学、物理学者朱载堉，都是受到宋应星遗著发现的启发，经过学者的艰辛探索而成为显学的。前者是明成祖朱棣唯一的同母弟，著有《救荒本草》，后者是明神宗的堂叔，为了科研自愿当平民，著有《嘉量算经》《律吕精义》《算学新说》，被中外学者尊崇为

"东方文艺复兴式的圣人"。第六,《天工开物》所彰显出来的爱国情怀、务实作风、创新品格、工匠精神与和谐理念,对建设中国式现代化具有很强的现实意义,应当对其发扬光大,古为今用。

二、宋应星是科学家,对自然科学进行了深入的研究

和以前的科学家相比,宋应星创造性地把几千年的工农业技术整合成一个综合科技体系。《天工开物》记载了 33 种农、工、虞、兵等部门的生产技术。

他对明代及其之前的农业、手工业、矿冶业、兵器制造业等部门的生产技术进行了系统化的归纳、总结、爬梳,整理成了一个综合化、宏观化的科技系统。这是他的伟大创新,只凭此点,宋应星就在我国古代科技史上享有卓著的声望。因为,在他之前,尚无任何学者做过这种工作。就是在他之后的清朝,也没有出现在宽度、深度、创新度方面超过《天工开物》的科技著作。换言之,《天工开物》诞生之后的 267 年(1644—1911 年),没有任何著作可以和其相提比论,宋应星达到了我国古代科技史的顶峰。

宋应星对中国科技史所作出的另一个贡献,是他对以前技术书中很少触及的重要生产领域率先加以深入的研究,并详细记载了下来。如金属冶炼、铸造和锻造隶属于重工业部门,金属制品尤其钢铁产品是提高社会生产力的有力杠杆。金属工具又是农业和其他工业部门所赖以进行生产的基本工具。然而,从战国至明代,中国浩瀚的典籍中竟没有一部书系统论述金属冶炼及其加工工艺。现有史书记载,在这长达两千多年的时间内,亿万中国人中竟无一人潜心于金属工艺的系统研究。是宋应星破天荒地在其《天工开物》的"五金""冶铸""锤煅"三章中,首次系统而深入地论述了铁、铜、铅、锡、锌、银、金等金属及有关合金的冶炼、铸造和锻造技术,并附以珍贵的工艺图 23 幅,填补了中国技术书中的一大空白。再如,以技术叙述与插图解说造纸、采煤、制砖瓦与陶瓷、榨糖等工艺的,也是从宋应星开始。

总之,他在中国科技史中首开记录的内容,都是一些十分重要的生产技术

部门。在这方面，作为科技作家的他发挥了开路先锋的作用。不少工艺是由于他的著录，才成为从明末的方以智直到清末学者注意和研究的对象。对我们现代人而言，由于他的著录，才能解开中国传统工艺中的某些技术之谜。

宋应星的历史作用主要体现于其对后代的学术影响。《天工开物》《野议》《论气》《画音归正》等 10 部著作问世后，引起了学术界、出版界的瞩目，它们迅速在大明帝国传播开了。安徽学者方以智获得了一本《天工开物》，他如获至宝，在崇祯末年撰写《物理小识》时，多次引用之。在清朝两百多年间，宋应星的《天工开物》始终被后代学者引用、参考，特别是在康乾盛世期间，出现了两次大规模引用、参考的热潮。后来乾隆皇帝大兴文字狱，实行文化专制，《天工开物》被打入冷宫，长期未能出版，流通范围萎缩了。当然，作为一位独辟蹊径、继往开来的科学家，宋应星是不可能被文字狱所封杀的。在嘉庆皇帝结束了文字狱暴政之后，许多学者又在嘉庆、道光年间（1795—1850年）向宋应星学习，直到 20 世纪初期。

从世界科技史的范畴而言，宋应星是一位名闻天下的科学家、思想家。他可以和欧洲文艺复兴时期的任何一位一流科学家相媲美。

三、宋应星是政治家，具有卓越的行政领导力

行政领导力的定义是多元的，但其具体内涵至少包括以下几个方面：首先，领导者具有自我领导能力。其次，领导者能正确地判断形势。再次，领导者具有高超的公务管理水平。最后，领导者能凝聚和团结人心，从而获得追随者。宋应星是明末清初著名的学者、科学家，但鲜为人知的是，他还是一位具有行政领导力的循吏，曾任教谕、推官和知州六七年之久。

（一）领导自己：勤奋好学，及时变通

宋应星从 6 岁正式开始入私塾求学，几十年中，天资聪颖的他学而不厌，无论是在人文社会科学领域，还是在自然科学领域，均取得了非凡的造诣。其

在学术上取得的成就，远超过当时殿试一甲进士的水平。其学术能力和水平，得到了全世界的高度评价和永远的怀念，《天工开物》《野议》等著作，赢得了亿万的知己。其勤学苦练获得的能力和学术，为其后半生在分宜、汀州和亳州的行政领导工作，奠定了扎实的基础。

其一，宋应星从 6 岁开始（1593 年），系统地接受了几十年的儒家经典教育。

明神宗万历二十一年（1593 年），6 岁的宋应星进入叔祖父宋和庆的私塾学习，在此经历了两个阶段。第一阶段为私塾初级班，6 岁至 10 岁的宋应星（1593—1597 年），主要跟随塾师、族叔宋国祚学习《千字文》《百家姓》《龙文鞭影》等教材，脱盲认字，也学习平仄、写文章和儒家经典。在此阶段，宋应星每天早晨要读 7 篇陌生的古文，并且要背诵熟练。第二阶段为私塾高级班，10 岁至 14 岁的宋应星（1597—1601 年），追随江西新建学者邓良知学习四书、五经等儒家经典，为参加科考打下了基础，因为科考试题多源于这些儒家经典。1601 年，14 岁的宋应星完成了八年的私塾教育，正式成为童生，为其考取秀才奠定了基础。

明神宗万历三十年（1602 年），15 岁的宋应星考取秀才，成为县学附生，开始接受奉新县教谕的正规教导。到了明神宗万历三十九年（1611 年），24 岁的宋应星完成了九年的县学教育，岁考及格，获得了参加乡试的资格。明神宗万历四十三年（1615 年），28 岁的宋应星第二次参加乡试，成功考中第三名举人，江西此年共有 114 人考中举人。

正如前文所述，从 1616 年至 1631 年的 15 年内，宋应星前后六次到北京参加会试，但均名落孙山，可谓是学而优难仕。

宋应星分别在万历年间、天启年间和崇祯年间，各参加了两次会试，但均落榜了。究其原因，从其所著的《野议》《天工开物》《谈天》可知，宋应星对孔丘和朱熹等所谓圣人的思想存在不同的看法，而且他不愿意发表违心之论，代"圣贤立言"，最终被政治嗅觉灵敏的考官视为叛逆。例如，宋应星批评孔子脱离实际，"枣梨之花未赏，而臆度楚萍。"① 他批评朱熹的天人感应论是错误的。朱熹认为政治清明的时候无日食，反之则常出现日食，所谓"朱（熹）注以王者政修，月常避日，日当食而不食。"② 宋应星通过历史记载证明朱熹天人感应的观点是错误的，他在《日说三》中说：西汉汉景帝在位的 16 年中，政治清明，官民恭顺，却发生了九次日食；王莽篡汉的 21 年中，乱臣贼子犯上作乱，窃据皇位，却只出现了两次日食。唐太宗贞观元年（627 年）至贞观四年（630 年），唐太宗的权威如日中天，却在 4 年之中出现了五次日食，唐高宗永徽元年（650 年）至唐高宗乾封四年（669 年）的 20 年中，牝鸡司晨，武则天独裁到无以复加的地步，却只出现了两次日食。由此看来，天人感应又在哪里呢？

宋应星从 6 岁到放弃科考的 44 岁的 38 年内（1593—1631 年），除了学习了大量的儒家经典，也对哲学、历史学、政治学、经济学、文艺学和实学有所涉猎和钻研。据潘吉星考证，宋应星在《天工开物》中引用到历史经典有：《史记》《春秋左传》《国语》《汉书》《后汉书》《晋书》《三国志》《新唐书》《旧唐书》《宋史》《通志》等。引用到的诸子百家经典有：《山海经》《荀子》《论衡》《昌言》《政论》《韩非子》《老子》《庄子》等。引用到的古代科技书有：《天文志》《律历志》《糖霜谱》《墨谱》《本草纲目》《梦溪笔谈》等。此外，宋应星还阅读了大量的文学著作。

其二，宋应星及时变通，放弃科考，专注于实学，并撰写了《天工开物》等著作。

宋应星学而优难仕，及时变通，从八股文章中脱身而出，转向经世致用的实学，并取得了一定的造诣。在 1631 年之前，宋应星企图通过科举进入仕途，参与政权，获得权力，光宗耀祖，重振家声，复兴社会，救国救民，实现自己修齐治平的政治理想，但他在六上公车而不第之后，决定把自己有限的精力从

---

①宋应星：国学经典文库编委会编．天工开物［M］．成都：四川美术出版社，2018：1.
②宋应星：《国学典藏书系》丛书编委主编．天工开物．青花典藏．珍藏版［M］．长春：吉林出版集团有限责任公司，2010：270.

八股文章中转向实学。

正如前文所述，宋应星在参加科考的 38 年内，一直对自然科学（实学）有浓郁的兴趣。早在 1603 年，16 岁的宋应星便对李时珍的《本草纲目》爱不释手，并学习了天文历法等知识。在六次往返北京、江西的万里征途中，他借机对各地的农业、手工业生产技术进行了细致、精微的田野调查。

宋应星除了在赶考沿途进行田野调查，积累了许多农业与手工业生产技术方面的资料，还多次到大哥宋应升的就职地——浙江桐乡县、广东恩平县等地，进行社会调查和科技考察。从 1634 年到 1638 年的四年中，他在江西袁州府分宜县任职，同时一边进行大量的田野调查，一边开始动笔撰写不朽名著——《天工开物》。

宋应星一生作品有 10 多种，可以分为以下几种：第一种为自然科学与技术（实学）：《天工开物》《观象》《乐律》《画音归正》（讨论音韵、乐理的作品）；第二种为人文社会科学：《野议》（政论文）、《杂色文》（杂文）、《春秋戎狄解》（历史书）；第三种为介于自然科学和人文社会科学之间的文集：《卮言十种》（现存《论气》《谈天》）、《原耗》；第四种为文学作品：《思怜诗》《美利笺》。他的这些著作，大部分是在放弃科考之后完成的。

宋应星之所以能创作《野议》《天工开物》等著作，主要是因为他心怀复兴朝纲、济世安民、修齐治平的崇高理想，几十年来坚持勤奋学习，后在科考失利后，及时变通，转移努力方向，读万卷书，行万里路。他好比一条吃饱了桑叶的蚕，吸收并消化了各种知识，最后吐丝结茧，硕果累累。

（二）判断形势：针砭时弊，分析社会

其一，宋应星认识到了大明帝国政治上的黑暗。宋应星生活的万历、天启、崇祯年间，政治黑暗，朝纲糜烂，官员贪鄙，内忧外患。万历帝企图废长立幼，与百官不合作，消极怠政。天启帝玩物丧志，重用太监魏忠贤，科考不公，卖官鬻爵，贿赂公行。崇祯帝并无治国理政之才，也无驭人之术和处事之

能，虽然勤政，但政治依然腐朽。宋应星对此有清醒的认识，曾写诗讽刺："计度升迁俛要津，卑污启事避人陈。尊官掌记知多少，冷语闲谈泄漏频。"① 他说官员的升迁不是靠德能勤绩廉，而是靠潜规则而来。为此，他提出整顿教育选官制度、严格官员选拔和激发官员士气等建议。

其二，宋应星认识到了大明帝国军事上的腐朽。宋应星生活的大明帝国，外有建州女真贵族集团的侵扰，内有张献忠、李自成等农民起义军的反抗，而军官们克扣军饷，欺压士兵，钻营升迁，贪财好色，纸醉金迷。上行下效，面对军官的腐败无能，士兵们便贪婪残忍，无恶不作。宋应星对此有清醒的认识，曾写诗讽刺道："乘胜元兵已破襄，葛陂贾相半闲堂。且偷睫下红妆艳，为虏明年岂足伤。"② 他在《野议》中提出选拔良将的建议。

其三，宋应星认识到了大明帝国经济上的困窘。大明帝国中晚期，土地兼并，贫富悬殊，两极分化，权贵、官僚、大地主、高利贷者几位一体，用高额的地租、苛重的捐税、利滚利的高利贷等压榨人民。民穷财尽，为渊驱鱼，大批破产的农民、手工业者纷纷投奔农民起义军。社会地位低下的宋应星，久居下位，对帝国的经济危机洞若观火。为此，他提出以下建议：打击高利贷和土地兼并、免除欠税、节省宫廷开支、恢复军屯发展生产、通商惠民和改良盐政。

其四，宋应星认识到大明帝国歪邪的社会风气。宋应星反对奢侈浪费的社会歪风，推崇节俭朴素。他讽刺权贵们纵情声色、渎职失职的行为说："繁华寂寞转轮间，热闹场中莫久顽。闻道盛唐云锦队，回头兵火破潼关。"③ 他讽刺营建豪宅的权贵们："为构华居竭智钱，此身许住几多年。儿孙奉祝于斯否，

---

① 杨维增. 宋应星思想研究及诗文注译 [M]. 广州：中山大学出版社，1987：252.

② 杨维增. 宋应星思想研究及诗文注译 [M]. 广州：中山大学出版社，1987：245—246.

③ 杨维增. 宋应星思想研究及诗文注译 [M]. 广州：中山大学出版社，1987：255.

从古雕梁不久延。"① 宋应星反对虚荣浮夸、贪图名利、趋炎附势的社会歪风，推崇淡泊自守、安贫乐道、洁身自好。他讽刺因为挥霍奢侈而导致贫困的行为："清寒原是好名声，误拟羞惭效侈盈。勉强风流神不王，困穷无计酿戈兵。"② 他鄙视生前不立功德的权贵，死后却欺世盗名："人生愿欲自无穷，官贵金多百岁中。衰相已形功德薄，遗言墓志托名公。"③ 此外，宋应星反对鬼神迷信，推崇无神论和朴素的唯物主义。

(三) 领导业务：爱国爱民，政绩斐然

从 1634 年至 1644 年的十年间，47 岁至 57 岁的宋应星，断断续续在分宜县、汀州府、亳州担任过一些地位低下的官职，但他食君之禄、忠君之事，敬德爱民，政绩斐然。且在分宜期间，发愤著述。1640 年至 1643 年，他赋闲在家期间，协助地方政府平定战乱，维护了家乡的社会秩序。

其一，宋应星在分宜教谕职务上考核为优等，得以升迁。 从崇祯七年至十一年（1634—1638 年），47 岁至 51 岁的宋应星任江西袁州府分宜县教谕，当时的知县为正七品、县丞为正八品，教谕是从八品以下未入流的文教职务，级别很低，相当于现在的正科级的县教育局局长兼中学校长。其工资也很低，年薪只有 36 石（5400 市斤）大米，若按现今的 2.2 元/市斤计算，其年薪约折合人民币 11880 元，月工资为 990 元。当时学政腐败，许多秀才是南郭先生，文理不通者占比三成。宋应星得到两任知县曹国祺、洪名臣的支持，以身作则，廉洁奉公，抵制歪风邪气，把只有几百人的县学管理得井井有条，把学生教得知书识礼，培养出了一批有真才实学的秀才。

业余时间，才博学大、地位卑微的宋应星效仿司马迁，发愤著书，以求知

①杨维增. 宋应星思想研究及诗文注译 ［M］. 广州：中山大学出版社，1987：251.
②杨维增. 宋应星思想研究及诗文注译 ［M］. 广州：中山大学出版社，1987：258.
③杨维增. 宋应星思想研究及诗文注译 ［M］. 广州：中山大学出版社，1987：259—260.

己于后代。他撰写了《野议》《画音归正》《原耗》《思怜诗》《天工开物》《卮言十种》（现存《谈天》《论气》两卷）、《杂色文》。他的这些著作，远超过殿试一甲登科进士的水平。

宋应星在分宜教谕职位上的四年，让该县的县学文风顿开而"士风丕振"①，其考核被定为袁州府第一等，并升迁为七品汀州府推官。

其二，宋应星在亳州知府任上有所作为，但囿于时局而壮志难酬。1643年下半年，由于宋应星赋闲于奉新期间，和彭博等人协助南瑞兵备道陈起龙平定李肃十、李肃七领导的红巾军有功，所以56岁的他被推荐为南直隶（今安徽）凤阳府亳州知州。但是他返乡过旧历年后，便再未回亳州。因此，他在知州任上只有几个月的时间，但他依然有所作为：修复了官衙、学校和城池，召集流亡农民回乡安居乐业，初步树立了知州的权威，在一定程度上稳定了社会秩序。顺治《亳州志·卷九·职官志》记载："宋应星，江西举人。视知亳州值兵变之后，官署悉被寇烬。公捐囊更新，招集流亡。又买城南薛家阁（明代吏部考功司郎中薛蕙的家庙），将建立书院于其所，惜志未就而去亳。"②

（四）领导他人：凝聚人心，团结上下

宋应星富有人格魅力和感召力，无论是在分宜，还是在亳州，他均能暖人心、得人心和稳人心，和上司、同事、部下相处融洽，团结他们办实事。

其一，宋应星在分宜教谕任上，和上司、同事和部下关系融洽。宋应星在分宜教谕职位上，与两位知县曹国祺、洪名臣的关系融洽，其文教工作和业余著述得到他们的大力支持。宋应星的50大寿是在分宜过的，因为他深得人心，众多学生尊敬地为他祝寿。分宜县学除了宋应星这位教谕，还有两位训导，他之所以能在四年之内，既处理好公务，又能挤出时间撰写多部著作，那是因为

---

①卢英主.奉新山水人文寻踪［M］.南昌：江西教育出版社，2015：118.

②刘东黎.月涌大江流 历史深处的江右士风［M］.北京：现代出版社，2014：153—154.

他得到了两位训导的大力支持，为其分担了许多工作。

其二，宋应星在亳州任上带领部下办实事。1643 年下半年，56 岁的宋应星就任战火刚被平息的亳州，由于知州衙门已被焚毁，宋应星团结部属，带头捐俸禄重修衙门，并召集流亡的难民回归，修复了城池，买下薛蕙的家庙，准备重建亳州书院，后因明亡而壮志难酬。

综上所述，宋应星既是学贯人文社会科学和自然科学的学者，也是一位具有行政领导能力的循吏。其行政领导能力主要体现在以下几个方面：一是具有自我领导的能力；二是具有分析和判断形势的能力；三是具有高效处理公务的业务能力；四是具有凝聚人心、获得追随者的能力。

第三章　《天工开物》成书的背景

晚明是一个天崩地解的时代。随着生产力的发展、财富的积累，资本主义开始在沿海发达地区萌芽。许多富商敛财纵乐，民风由俭入奢、重利趋商。发展工商业、研究科技的实学思潮高涨。新兴的工商业者希望实学为其鸣锣开道和提供理论辩护和技术支撑。内忧外患的形势也令有志之士担忧。为此，心系天下的宋应星等实学家开始进行思想与科技的启蒙。

第一节　经济背景：资本萌芽

大明帝国经过两百多年（1368—1644 年）的发展，社会财富得到了积累，除了富裕的皇亲贵族、官僚、宦官、地主外，也出现了一些富庶的商人。历时九年之久的张居正改革（1573—1582 年），让大明帝国的社会生产力、商品经济进一步发展。到了万历十年（1582 年）张居正去世时，帝国的财政危机已经有所好转，国库比较充盈——"太仓粟可支十年"，国防得到加强——"边备修饬，蓟门宴然。"①

一、社会生产力得到提高

（一）农业方面

一是农业生产技术得到显著的进步。徐光启的《农政全书》记载，大明帝国已经开始精耕细作，耕地、改良土壤、选种、水利灌溉、施肥、中耕、收获等方面的技术均已经比较成熟了。北方的挖井浇灌，南方的龙骨水车浇灌，均得到普及。农业生产工具更加完备，除了镰刀、锄头、扇车、龙骨水车、筒车等工具外，还出现了拔秧的秧马、除草的耥（耘荡）。此时期，农作物产量大

---

①杨绍溥，周兴春．新编中国古代史．下［M］．济南：黄河出版社，1990：311.

大增加了，江南开始出现双季稻，海南出现了三季稻，水稻一般的亩产达到200—450 市斤（2—3 石），个别地区甚至达到了 600—750 市斤（4—5 石）。

二是经济作物的种类、种植面积提升了。棉花已经从海南岛推广到了华北平原，棉花、棉布已经成为贡赋的重要物品。花生、红薯、玉米、烟草已经从东南亚传入中国，开始在浙闽粤和长江中下游平原种植。甘蔗、茶叶、蓝靛、漆树、葵花、紫菊等经济作物的种植面积也比较广泛。为手工业和家庭副业提供了原材料。

三是粮食、经济作物产量的提升，让更多的农产品被投入市场成为商品。

（二）手工业方面

大明帝国中叶之后，手工业发展加快了。

嘉靖八年（1529 年），朝廷废除了匠户的"轮班制"，改为以银代役的"匠班制"，在一定程度上解放了工匠们，放松了官府的控制，让他们的技术、产品开始大量涌入市场。

在大明帝国的中晚期，手工业的发达主要体现在陶瓷制造业、棉纺织业、丝纺织业、印刷业、矿冶业等生产领域。

在陶瓷制造中心景德镇，官窑有 58 座，而民窑却多达 900 多座。

在棉纺织业中心的南直隶松江府（今上海市），由于纺织工具的改进，城乡日产棉布近万匹，所谓"买不尽松江布，收不尽魏塘纱。"[1] "江浙十万娘子军，魏塘棉纱松江布，经纬日月手中梭。"[2]

在丝纺织业中心苏杭地区，改良后的花楼机能织出"巧变百出，花色日新"的绫罗绸缎。明代文学家冯梦龙提到了苏州发达的丝织业，他在《醒世恒言·第十八卷·施润泽滩阙遇友》中说："说这苏州府吴江县离城七十里，有

---

①傅衣凌 . 明代江南市民经济试探 ［M］. 上海：上海人民出版社，1957：83.

②杨越岷；嘉善县政协教科卫体与文化文史学习委员会编 . 新编嘉善乡土风情诗 365 首 ［M］. 上海：上海三联书店，2021：206.

个乡镇，地名盛泽，镇上居民稠广，土俗淳朴，俱以蚕桑为业。男女勤谨，络纬机杼之声，通宵彻夜。那市上两岸绸丝牙行，约有千百余家，远近村坊织成绸匹，俱到此上市。四方商贾来收买的，蜂攒蚁集，挨挤不开，路途无伫足之隙；乃出产锦绣之乡，积聚绫罗之地。江南养蚕所在甚多，惟此镇处最盛。"①此文虽然是虚构的小说，但也是源于现实生活。

南直隶无锡县荡口镇的印刷业空前繁荣，已经出现了铜铅过板，比宋代的胶泥活板更具优势。

矿冶业也很发达，金、银、铜、锡、铁、铅、煤、硫黄、石灰等在全国各地开采。其中以铁矿的开采规模最大，帝国有 100 多个冶铁所。制铁业也随之遍地开花。徽州的矿冶、广东佛山镇的冶铁业在当时比较出名。在晚明以前，中国的冶金技术——采矿、炼铁、制钢、铸造、锻造等领域，均世界第一。在西方第一次工业革命之前，中国的钢铁技术是世界第一流的。

浙江崇德县石门镇（今属浙江嘉善市桐乡县）的榨油业也比较发达。

二、商品经济进一步发展

（一）工农业产品的商品化程度提高

在大明帝国中晚期，随着生产效率的提升，生产者有了更多的产品投入市场。尤其是在张居正推行"一条鞭法"（土地税、徭役折白银征收）后，农户们必须销售更多的农副产品以获得白银，从而导致商品经济空前繁荣。

一是商品种类和数量剧增。农业商品有粮食、蚕丝、蔗糖、烟草、中药材等。手工业商品有绫罗绸缎、棉布、土纸、染料、食用油、桐油、木材、铁器、铜器、陶瓷以及各种手工艺品。二是全国性的、内循环市场初现端倪。如苏州的绫罗绸缎开始销往全国各地，景德镇的陶瓷也开始销售到五湖四海，广

---

① 胡火金编．苏州水文化概论［M］．苏州：苏州大学出版社，2022：219．

州、佛山、潮阳的铁锅、铜器、锡器畅销国内外。三是已经出现了区域分工趋势。如浙南湖州出产蚕丝，鲁豫出产棉花，湖州需要江西鄱阳湖平原的粮食，松江府需要齐鲁的棉花。

（二）商业资本流动加速

随着商品经济的发展，商业资本流动增快，涌现出许多商人。他们为了抱团发展、维护共同的利益，在各地建立地域性会馆，成立各种商帮，销售各种工农业产品。他们中的多数是中小商人，但也有资产达几万两、几十万两甚至几百万两白银的大富豪，成为商业资本团体。比较著名的有山西的晋商、皖南的徽商，其次是福建的闽商、广东的粤商、江浙的吴越商、江西的江右商和陕西的秦商（关陕商）。

（三）工商业城市繁荣

大明帝国中叶，手工业、商业的繁荣的结果是：出现了许多城市。帝国比较大的城市有 40 多座，如北京、苏州、汉口、佛山、南京等。

首都北京和陪都南京，既是全国政治中心，又是全国的经济中心。市内商店鳞次栉比，各种商品堆积如山，各种商品均有各自的聚散区。如北京有销售陶瓷商品的缸瓦市，销售粮食的米市，销售煤炭、木炭的炭市，销售牲畜饲料的草市；南京有销售丝织品的绫庄巷和锦绣巷，销售颜料的颜料坊，销售铜器的铜作坊，销售铁器的铁作坊。

（四）白银流通广泛

大明帝国初叶，朝廷效仿元朝发行过纸币——大明宝钞，后来由于官府大量发行纸币，以纸币税和通货膨胀掠夺民财，导致大明宝钞贬值，被百姓抛弃。明英宗朱祁镇正统年间（1436—1449 年），太湖流域的赋税一律改为征收白银，称为"金花银"。后来，这种赋役折白银征收的方式被推广到帝国各地，白银成为流通的货币。

三、开始出现资本主义萌芽

（一）南直隶苏州府的机户

苏州是著名的丝织业中心，主要生产绢。许多机户多是自食其力的小作坊主，随着纺织工具的改良、纺织技术的提高，丝织品市场日益拓展，竞争日益白热化。机户出现两极分化，部分成为大机户——手工工场主，拥有 20 多张或 30 多张织机，雇用几十个机工。如明宪宗成化年间（1465—1487 年），浙江省杭州府仁和县有一个机户——张毅庵，因为经营有方，技术精湛，丝织品"备极精工"，成为大家抢购的商品，家境日益富裕。从 1 张织机发展到 20 多张织机。到了 16 世纪中期，如张毅庵家这样的手工工场已经很多了。

随着手工工场（工厂）的涌现，新的生产关系出现了。工场主成为早期的资本家，他们出资本，机工是早期的雇佣工人，他们出劳动力。机工的组成是：部分机工是破产的小作坊主，部分是因为土地兼并而丧失了土地的农民。机工靠出卖劳动力赚工资谋生，他们"趁织为活；计日受值；得业则生，失业则死；一日不就人织则腹枵"。出资的机户和出力的机工已经是资本主义雇佣关系了。

（二）南直隶松江府的包买商

随着经济的发展，在南直隶松江府棉织业中，出现了部分包买商，他们把商业资本转为产业资本，变相雇用小生产者。如明神宗万历年间（1573—1620 年），松江府西郊有 100 多家暑袜店。袜店主就是包买商，他们把棉纱线等原材料分发给各家织袜匠，织袜匠按照他们的要求织袜子，做成的暑袜全部由袜店主收购，织袜匠获得加工费。这些包买商切断织袜匠和原材料市场、暑袜市场的联系，如此，商业资本成为产业资本，织袜匠成为雇佣工人，包买商成为资本家。这其实也是资本主义生产关系诞生的一条渠道。

苏州府、松江府的资本主义萌芽的诞生，表明封建社会内部出现了新的经济成分，新兴的资本家虽然比较弱小，也受到封建势力的束缚、打压，但他们希望有文人在意识形态领域为他们鸣锣开道和辩护，也为他们提供先进的实学技术。

第二节　社会结构：阶层分化

随着经济的繁荣，商品经济的发展，工商业城市的涌现，资本主义的萌芽，重利趋商、敛财享乐民风的形成，导致原有的四民社会结构，即士农工商的社会结构，受到了一定的冲击，社会阶层结构进一步分化。

一、地主开始从务农兼经商

看到许多人从事工商业发财致富之后，许多地主受到刺激，不再靠租赁土地获得地租来谋生了，也开始尝试从事工商业，或者种植经济作物以销售于市场，从而让商人阶层日益壮大了。

顾炎武在山东章丘有 1000 多亩土地，是地地道道的大地主。他在山东章丘生活了 20 年之后，移民山西雁北后，他在这里开垦荒地，从事丝织业，开发矿产，发展畜牧业。

二、文人开始弃儒经商

在明末清初，部分官员、文人开始从事商业，唐甄、毛晋就是典型。

唐甄（唐大陶、唐铸万、唐圃亭，1630—1704 年），四川达州人，明末清初启蒙思想家、实学家。唐甄的祖籍在浙江兰溪，先祖后在元末到四川任职，于是在川东北达州定居。祖父唐自华（唐棣之）曾经官至郎中，叔祖父唐自彩，举人出身，先后任过浙江临安县知县。

唐甄的父亲唐阶泰（唐享予、唐瞿瞿）是晚明大儒、抗清名臣黄道周的学生，考中过进士，曾经在今江苏、江西、北京、南京任职，唐甄也随父亲到过这些地方。父亲唐阶泰历任南直隶吴江知县、江西按察使经历、都察院经历、南京吏部膳司郎中、广东海北道参议等职，晚年定居吴江县。

顺治十四年（1657 年），唐甄考中举人，翌年通过大挑进入官场。十四年后的康熙十年（1671 年），他在山西省潞安府长子县担任过知县，10 个月之后因为逃犯的事情被牵连而丢掉了官职。从此在苏州枫桥镇定居，往来于吴江县和枫桥镇之间。

唐甄祖父唐自华在四川达县有一万多亩土地，但到唐甄晚年，其家已经沦为平民百姓了，家中只有 40 多亩土地。这 40 亩土地的收入，在丰收年份，一家人的生活都不能维持，在歉收年份，出产只够缴纳赋税，如遇到灾荒，则连缴纳赋税的钱都没有。

在这种情况下，唐甄开始下海经商，贩卖生丝。不久，因为贩卖生丝亏本，他又从"商贾"转为"牙商"（经纪人）。为此，他被一些秉持传统道德观的文人、官员、绅士们嘲笑、讽刺。他们坚持传统的"士农工商"的四民观，坚持文人比商人高贵，坚持认为君子应该重义轻利、谋道不谋食，认为举人知县下海经商对文人士大夫而言是一种耻辱，是被士大夫鄙视的。唐甄推崇实学，思想开明、前卫，认为农商应该并重，求富裕、求生存是天经地义的。他为自己辩护，说"以贾为生"正是为了维护自己的尊严，一文不名，到处乞讨或坑蒙拐骗偷才是可耻的，古代的姜子牙就为了谋生做过餐饮业、食盐业的生意，没什么可耻的。

毛晋（毛凤苞、毛子久、毛子晋、毛潜在、汲古主人，1599—1659 年），江苏常熟昆承湖七星桥（曹家滨）人。他是钱谦益的学生，但他屡试不第，后在 30 岁时为了谋生而开始经商。毛晋经营刻书业，他开办了一家印刷厂，雇用了几百位雇佣工人，规模比较大。他刻印的书籍数量巨大，先后刻印了 600 多种 10 万多页的书籍，内容涉及儒家经典、词曲、丛书、宗教、小说、笔记等，是我国历代私家刻书第一位，为传承、弘扬中华传统文化作出了一定的贡献。毛晋估计是我国第一批文化商人。

此外，晚明学者凌濛初、陆云龙、吕留良，也和毛晋一样，在进行学术研究的同时，也从事文化生意，兼营刻书业。顾炎武也经商六七年之久，他垦田、养殖，也销售布匹、中药材和从事民间借贷。甚至移居日本的朱舜水（朱之瑜）也在日本从事商业活动。

随着大明帝国商品经济的发展和实学家们重商意识的发展，社会上已经出现了"士不如商"的说话。明末秀才、文学家归庄（1613—1673 年）是南直隶苏州府昆山县人，他是归有光的曾孙，他和顾炎武关系友善。他在《传砚斋记》中说，他生活的明末清初已经是"士商相杂"了，他的朋友严舜工是太湖平原的一位儒商（士商），重商的归庄在《为严舜工题其六祖彰德太守遗墨·其一》中劝他不要让子孙读书参加科考，而应专注于商业。皖南文人汪道昆在《明故处士溪阳吴长公墓志铭》中也说，在皖南徽州新安地区，商人的地位要高于文人——右贾左儒。这表明，在当时，商人社会地位大大提高了，完全可以和文人平起平坐了。

重商的思想观念在当时很有代表性，宋应星等实学家均认为士大夫转变为商人，或弃儒从商，变换职业是非常正常的，是天经地义的。明末清初的启蒙思想家黄宗羲甚至提出了"工商皆本"的口号。

三、农民纷纷进城谋生

在明代中晚期，农民阶层也出现了两极分化，部分破产的、丧失了土地的农民，或进城成为小商贩、手工业者，或成为雇佣工人。当然，进城谋生的农民，大部分成为雇佣工人。

晚明时期，浙江崇德县石门镇的榨油业发达，有 20 多家榨油坊，800 多位榨油工匠。这 800 多个榨油工人每天的佣金（工资）为 2 铢（3.5 克白银，约今 25 元）。这 800 多个榨油工人，不是本地居民，多是外地农民。所谓"油坊可二十家。杵油须壮有力者，夜作晓罢，即丁夫不能日操杵。坊须数十人，间日而作。镇民少，辄募旁邑民为佣。……二十家合之八百余人，一夕作，佣值二铢而赢。……千百为群，虽坊主亦畏之。"①

第三节　政治危机：统治衰败

明朝的党争激烈，统治者自相残杀，工商利益集团勾结文官集团，上欺皇帝下压百姓，导致帝国出现严重的政治危机，朝廷大权旁落，失去对整个帝国的管控。国家、百姓均贫穷，一小撮文官集团和工商利益集团却霸占了帝国绝大多数财富，百姓为了生存纷纷起义，满族贵族军事集团借此机会，开始反叛虚弱的大明帝国。宋应星便生活在政局动荡、风雨飘摇的晚明。

---

①何一民，赵淑亮，吴朝彦作；何一民. 中国城市通史［M］. 成都：四川大学出版社，2020：334.

一、统治者争权夺利

（一）皇帝与文官集团的冲突

大明帝国 270 多年（1368—1644 年）中，为了争夺最高统治权，皇帝与文官集团一直明争暗斗。明代十几位皇帝，真正完全控制朝政的皇帝只有三位：明太祖洪武帝朱元璋、明成祖永乐帝朱棣和明思宗崇祯帝朱由检。明英宗之后，君主专制日益衰落，以内阁为首的文官集团日益强盛，皇帝大权旁落。皇帝一直在打击文官集团，朱元璋是高压恐怖、特务统治、文字狱，万历帝朱翊钧是消极罢工，天启帝朱由校是信任以魏忠贤为首的阉党。

明朝嘉靖年间的所谓"大礼议之争"，表面上是嘉靖皇帝要册封亲生父母为皇帝、皇后，本质上是皇帝和文官集团在争夺最高统治权。明朝万历年间的所谓"国本之争"，表面上是册封朱常洛、朱常洵太子的问题，本质上还是为了争抢最高统治权。深感失望的万历帝，从此消极怠政 30 年，导致大明帝国走向衰亡。

皇帝对付文官集团的手段是特务机构、宦官。皇帝的特务机构有锦衣卫、东厂、西厂，明武宗朱厚照还设立了内行厂。皇帝利用太监秘密监控自己不信任的文官们，这种监控带有仇恨，也代表了皇帝的权威。皇帝还重用身边的驯服、听话的奴才——太监，让他们控制全国的军政大权，对付文官集团。

（二）文官集团内部的斗争

明代派系斗争空前激烈，血雨腥风。文官集团分为几个派系，拉帮结派，党同伐异。在万历年间（1573—1620 年），整个帝国有 2 万名文官，其中两千人在北京，这些文官分为多个派系。张居正生前和身后，深陷派系斗争中。天启、崇祯年间（1621—1644 年），代表江浙工商利益的东林党、复社（小东林党）为一派，魏忠贤为首的阉党联合齐楚浙诸党为一派，反复恶斗。属于东林党一派的袁崇焕杀了阉党一派的毛文龙，而阉党又借崇祯之手杀了袁崇焕。

大明帝国血雨腥风的党争带来的是朝纲糜烂、内忧外患。皇帝和文官集团的斗争和文官集团内部的斗争的结果是同归于尽、渔翁得利，政权落入满洲贵族集团手中。

二、财政危机，农民负担沉重

明朝和元朝一样，均是因为财政破产而灭亡，也就是少数权贵、富商掌握了巨额财富，朝廷、官府和普通百姓穷困。皇帝失去领导权，无能力通过征税增加财政收入。

到了 16 世纪，随着商品经济的发展，大量人口拥向利润丰厚的工商业，工商业占国民经济的比例日益上升，而文官集团多是工商业利益集团子弟或代言人，导致商业税率一直很低，千分之三的税率几乎为零，而且税卡只局限于京杭大运河、北京崇文门。而从嘉庆年间以后，许多商帮的资产已达到几百万两、几千万两白银。

万历帝想绕过文官集团，派出太监到各地充当矿监、税监，向工商业利益集团们收工商业税，但遭到从中央到地方的文官集团和工商业利益集团的强烈反对，他们反对皇帝征收工商业税。高攀龙、李三才等人的理由是藏富于民。万历三十四年（1606 年）正月，地方卫所军官贺世勋、韩光大带领 1 万多市民冲入税厂，打死税监杨荣后焚烧之，并打死其随从 200 多人。消息传来，万历帝悲愤得几天粒米未进。

据不完全统计，东林党、复社背后的江浙工商业利益集团，仅通过海外贸易就获得了 9 亿两白银的收入。在辽东对付满洲贵族的官兵们却形如乞丐，生活在水深火热之中，而江南工商业利益集团们则纸醉金迷、夜夜笙歌。

官员和工商业利益集团狼狈为奸，把税负转嫁到普通农民头上。农民纷纷破产，甚至出现了人吃人的惨剧。他们或死于沟壑，或投入农民起义军，或投降后金政权。

三、流民起义

大批破产的农民，为了躲避沉重的苛捐杂税、徭役、地租、高利贷，不得不离开故土，流浪他乡。随着土地兼并的加重，两极分化的加剧，阶级矛盾日益尖锐，自然灾害频繁而得不到官府的救济，农民们为了求生存，纷纷开始暴动、起义，把反抗的矛头对准了官府等既得利益者。全国各地均发生了流民起义，且此起彼伏，极大地威胁到大明帝国统治。

天启七年（1627 年），陕北饥民王二聚众起义，各地农民纷纷响应，涌现了高迎祥、张献忠、李自成等农民军。崇祯十三年（1640 年），李自成杀入河南，成千上万的饥民加入其军队。翌年，李自成攻下洛阳，诛杀了福王朱常洵。崇祯十六年（1643 年），李自成在鄂北襄阳建立政权，不久攻占西安。崇祯十七年（1644 年）年初，李自成攻占北京，崇祯皇帝自杀，大明帝国灭亡。

四、外族入侵

明英宗正统十四年（1449 年），瓦剌贵族也先后入侵，攻打大明帝国。宦官王振挟持明英宗朱祁镇来到大同，屡次改变行军路线，官兵们被瓦剌人打败，死伤惨重。死亡 7 万多人（含几十位文武官员），伤残 10 多万人，马匹损失了 20 万头，武器盔甲和辎重损失无数。

万历四十四年（1616 年），原本属于大明帝国军官的建州女真贵族努尔哈赤在赫图阿拉自立为汗，建立后金政权，开始进攻大明帝国。天启六年（1626 年），努尔哈赤死亡，其子皇太极即位，崇祯九年（1636 年），皇太极改国号为清，他便是清太宗。

满洲军事集团多次与大明帝国战争，比较著名的有：抚顺之战、清河城之战、萨尔浒之战、奉集堡之战、广宁之战、宁远之战、宁锦之战、滦州和永平之战、大凌河之战、宣府和大同之战、入口之战、松锦之战以及最后一次入口之战、清兵入关之战等。

满洲贵族军事集团对明帝国的进攻，给帝国带来极大的伤害。例如，崇祯十五年（1643 年）的最后一次入口之战，清兵在界岭口和黄岩口毁坏长城而入，长驱南下，进入山东，攻克 67 个县，击败明军 39 次，获得黄金 2250 两，白银约 226 万两，俘虏人口约 37 万和无数牛马衣服。

第四节 社会习俗：由俭入奢

随着大明帝国经济的发展，官商奢靡生活方式的引导，多数人唯利是图、聚敛钱财，拜金享乐，民风从明初的俭朴改为奢靡了。从明朝初期到中叶，帝国的社会风气经历了从俭朴到奢侈的演变过程。

一、明初只有少数精英奢侈

洪武、永乐两朝的官员解缙曾说，当时的官员生活比较艰苦朴素："每月关米七石，其余每石折钞共七千贯，稻草亦甚贵。时时虽有赏赐，随得随用，又作些人情，又置些书，尽皆是虚花用了。衣服、靴帽、假象食之类，所费不赀。"[①]

《西园闻见录·卷十三》记载，永乐年间户部尚书夏原吉的弟弟来北京看望兄长，他临回家时，夏原吉囊中羞涩，只送了 2 石俸米给他带回老家——湖南湘阴县。朱棣获悉，问他为何如此吝啬，夏原吉说自己没有存款。过意不去的朱棣，特地送了几匹好布给他。

官员之所以生活俭朴，主要是因为当时经济落后。当时的官员邹缉说："今山东、河南、山西、陕西诸处，人民饥荒，水旱相仍，至剥树皮、掘草根、簸稗子以为食。而官无储蓄，不能赈济。老幼流移，颠踣道路，卖妻鬻子，以求苟活。民穷财匮如此。"[②] 不但老百姓穷，皇亲国戚、官员等权贵也比较穷。

---

①王为国．新资治通鉴：第 1 卷 [M]．北京：光明日报出版社，1997：803．
②南炳文，汤钢．明史：上 [M]．上海：上海人民出版社，2014：177．

明仁宗朱高炽当时为太子，在南京监国，因为贫穷，经常向城中富商伊氏借钱。而像伊氏这样的富商，在当时很少。在当时，就是北京御史的府邸，有的也破败不堪，仅能避风。

官员们俭朴作风的变化，大约是在明英宗正统年间发生的。明宪宗成化年间辞职归乡的御史姚绶过着一种奢侈的生活，他"粉窗翠幕，拥童奴，设香茗，弹丝吹竹，宴笑弥日。"① 当然，在当时只有上层精英才能过这种生活。

二、明末奢侈风气从精英影响到整个社会

明代的经济精英商人、政治精英权贵的奢侈作风，很快影响了整个社会。许多文献资料说明——社会风气由俭转奢就是被上层精英们引导的。

明神宗万历年间的《通州志·卷二》就记述了今江苏南通市民风由俭转奢的变化。该书说："弘治、正德之间，犹有淳本务实之风。士大夫家居多素练衣，缁布冠。即诸生以文学者，亦白袍青履，游行市中。庶民之家，则用羊肠葛及太仓本色布，此二物价廉而质素，故人人用之，其风俗俭薄如此。今者里中子弟，谓罗绮不足珍，及求远方吴绸、宋锦、云缣、驼褐，价高而美丽者，以为衣，下逮裤袜，亦皆纯采，其所制衣，长裙阔领宽腰细折，倏忽变异，号为时样……故有不衣文采而赴乡人之会，则乡人窃笑之，不置上座。向所谓羊肠葛、本色布者，久不鬻于市，以其无人服之也。至于驵会庸流、么么贱品，亦戴方头巾，莫知禁厉，其俳优隶卒，穷居负贩之徒，蹑云头履行道上者，踵相接而人不以为异。"②

宋应星也在《野议·风俗议》中说民风奢侈，好虚荣。他说："我生之初，亲见童生未入学者，冠同庶人；妇人之夫不为士者，即饶有万金，不戴梁冠于首；缙绅媵妾，冠亦同于庶人之妇，以别于嫡。三十年来光景曾几何哉！今则

---

①杨越岷；杨真硕编.吴根越角的遗韵嘉善历史文化随笔3［M］.上海：上海文化出版社，2022：144.

②唐力行.商人与中国近世社会［M］.北京：商务印书馆，2003：184.

自成童，以至九流艺术，游手山人，角巾无不同；妇人除宦家门内执役者，若另居避主而不见，亦戴梁冠。庶人之家，又何论矣！"①

晚明社会追求奢侈的服饰，同时也引导了奢侈的民风。

在当时，奢侈的民风不仅仅局限于今江苏南通市、江西，当时的北方也是民风奢侈。北方"流风愈趋逾下，惯习骄奢，互尚荒佚。以欢宴放饮为豁达，以珍味艳色为盛礼。其流至市井，贩鬻厮隶走卒，亦多缨绅鞋，纱裙细裤。酒庐茶肆，异调新声，泊泊浸淫，靡甚勿振。甚至娇声充溢乡曲，别号下延乞丐。"②

从上述文献资料记载可知，晚明帝国城乡社会的风气均比较奢靡。他们的饮食、服饰、民歌均是奢侈的，从社会上层到社会下层，从市井城镇到乡村，大家争相奢侈享乐。

三、奢侈陋俗不但破坏了淳厚的政风，而且败坏了民风

明代嘉靖年间以后，社会风气日益奢侈、淫靡。这种奢靡的社会风气，固然刺激了消费，扩大了内需，为广大平民百姓提供了更多的就业岗位，尤其是商品流通的加速，促进了商品经济的发展。但是，奢侈之风的盛行，也带来了许多负面的问题。第一，它影响了大明帝国社会的稳定，僭越礼制之风盛行，"贵贱、长幼、尊卑"的等级礼制受到了很大的冲击。尤其是奢靡享乐之风，刺激了人们的贪婪和私欲，许多官员为了满足贪婪的私欲，开始贪污受贿，许多底层百姓为了满足贪婪的私欲，开始坑蒙拐骗偷，导致大明帝国的社会风气日益败坏。这种唯利是图、及时行乐、道德沦丧的社会风气，又进一步恶化了奢侈的民风。

明代崇祯年间的《郓城县志》说："迩来竞尚奢靡，齐民而士人之服，士人而大夫之官……贫者亦椎牛击鲜，合享群祀，与富者斗豪华，至倒囊不计

①宋应星．野议论气谈天思怜诗［M］．上海：上海人民出版社，1976：41.
②北京日报社理论部主编．朝起朝落：一个古老大国的由来［M］．北京：北京日报出版社，2022：201.

焉。若赋役济，则毫厘动心。里中无老少，辄习浮薄，见敦厚俭朴者，窘且笑之。逐末营利，填衢溢巷。货杂水陆，淫巧恣异。而重侠少年，复聚党招呼，动以百数，椎击健讼，武断雄行。胥隶之徒，亦华侈相高，日用服食，拟于市宦。"[1]

从上文可知，明末崇祯年间的山东郓城，民风奢侈，僭越行为良多，而且不肯缴纳赋税和服徭役，社会慈善救助更是不愿履行。这说明，晚明的奢侈民风导致个人主义、拜金主义、享乐主义盛行。

第五节　思想文化：启蒙思潮

起源于北宋而兴盛于明清的实学逐渐成为显学，加上西风东渐的影响，实学家们掀起了思想和科学启蒙的高潮。

一、实学的发展概况

实学也叫实体达用学，起源于北宋，在明清时期最为繁荣。实学的理论框架和宗旨是实体达用，基本内容是经世致用。实体达用中的"实体"：一是认为"气"是宇宙的实体；二是心性实体，即推崇实性、实功、实践。所谓"达用"：一是指经国济民的经世实学；二是探索自然奥秘的实测学（格物游艺学）。所谓经世致用，就是治理世事，切合实用。

在宋代，胡瑗及其安定学派首创了明体达用之学——实学，李觏提出了富国主张并参与了庆历新政，王安石领导了熙宁改革，张载的横渠学派主张实践，胡安国的湖湘学派主张力行务实，吕祖谦的金华学派主张致知力行，陈亮的永康学派主务实致功利，叶适的永嘉学派主张义利一致，王应麟的深宁学派推崇爱国爱民与实政实事，欧阳守道的巽斋学派主张有益于世用和务出新说。

在元代，主要实学家有赵复、刘因、许衡、郝经、吴澄、金履祥和许谦等人。

到了明代，程朱理学、陆王心学到了明朝中叶均出现了严重的思想、理论

---

①徐海荣．中国饮食史卷5［M］．北京：华夏出版社，1999：69．

危机。明朝中叶学者杨慎认为理学"使事实不明于千载，而虚谈大误于后人"。他希望大明帝国学界、政界开启求实的学风。晚明，帝国面临内忧外患，政治、经济、社会发生天崩地解剧变的局面，阳明心学分化成各种门派，整个儒学的社会声望一落千丈。在这个背景下，诞生于北宋的实学得到了文人的重视，大批士大夫开始关注科学、科技等实学。他们以具有唯物主义色彩的"气本论"替代了理学、心学的本体论，他们倡导学术的实证、实用，从研究道德心性改为研究自然。实学启蒙思潮博大精深，涉及哲学、道德、政治、自然科学、科技等，其目的就是用实学救国救民。

明代的实学家很多，群星璀璨。薛瑄及其河东学派主张笃实践履，真德秀和丘浚主张大体大用和御边有道，罗钦顺提出了经世宰物之学，王廷相提出了元气实体论，黄绾提出了以宽为本的王道政治，崔铣提出了敛华就实的思想，王艮提出了尊身立本的启蒙思想，杨慎创立了考据博学论，吴廷翰提出了实理真知论，陈建提出了实政思想，高拱提出了实政论，李时珍撰写了《本草纲目》，徐渭提出了本色论，张居正推崇敦本务实的学问，李贽推崇人本主义，朱载堉进行了科学实验，吕坤推崇独立思想和求实精神，唐鹤征提出了实功论和辅世拯民的思想，焦竑推崇主体意识和求实精神，陈第提出了志在经世的思想，东林党领袖顾宪成提出了志在世道的实学思想，高攀龙提出了务实致用的思想，徐光启研究主于实用的学问，孙奇逢提出了以实补虚论，徐弘祖（徐霞客）进行了科学考察，宋应星撰写了《天工开物》以济世利民，朱之瑜在日本宣传实学，复社领袖张溥提出兴复古学而务为有用的思想，傅山提出了思以济世的思想，陈子龙进行了实学建设，黄宗羲提出了经世实学，潘平格主张笃志力行，方以智创立了质测通几的学说，陆世仪推崇讲求实用为事，张履祥创立了经济之学，顾炎武宣传务实学风，王夫之推崇实学，毛奇龄推崇事功反对空言说经。

实学启蒙思潮的高涨，开始撼动、瓦解、改变官方宋明理学意识形态的统治地位。

实学的关键点，从广义上而言，就是研究有益于富国强兵、济世利民的学问，并应用之；从思想上而言，就是要深化"知行合一、实事求是、实体达用、即用见体、经世致用"等观点。张载的"横渠四句"说："为天地立心，为生民立命，为往圣继绝学，为万世开太平。"① 宋应星的《天工开物》其实也体现了上述实学的价值观。

二、西风东渐

在明末清初，西风东渐推动了思想科技启蒙思潮的高涨。由传教士引入中国的西方科技，和我国传统实学具有高度的契合性和相通之处。此外，西方科技的精细、先进，对事物的定量分析，对自然科学原理的钻研，让我国文人大开眼界、耳目一新。因此，当欧洲天主教的耶稣会成员在受到新教发动的宗教改革的冲击之后，纷纷追随商人们来到了东方传教，同时也带来了先进科技。

最典型的传教士是意大利人利玛窦（Matteo Ricci，1552—1610 年）和邓玉函。

利玛窦精通中国人所关心的天文学，他也以此为切入点，获得了政治精英、文化精英的认可和信任。明代精英——李贽、徐光启、杨廷筠等人都和利玛窦有一定的交往，徐光启还向他学习了科技知识，合作翻译了《几何原本》。

邓玉函（邓涵璞，Johann Schreck，1576—1630 年），瑞士人，天主教耶稣会传教士，伽利略的好友。1619 年，他和汤若望、罗雅谷、傅泛际等人来到中国的澳门，1621 年在杭州传教，1623 年抵达北京，1629 年经徐光启推荐在历局任职，1630 年在北京去世。天文望远镜便是他引入我国的，他除了与徐光启关系友善，还和官员王徵（王良甫、王葵心、了一道人、了一子、支离叟，1571—1644 年）关系友善。

王徵对农业、手工业、军事的器械感兴趣，从政之前，他研究过水力机械、

---

① 木叶. 时代诗文坊大运［M］. 合肥：安徽文艺出版社，2021：193.

风力机械与载重机械，著有《新制诸器图说》。王徵和邓玉函一起研究西方静力学——地心说、重心说、水体积、浮体体积、密度、机械及其组合使用，并合作编译了《远西奇器图说》一书。王徵在《远西奇器图说·序言》中认为，引入西方先进科技是为了济世利民，他说："学原不问精细，总期有济于世；人亦不问中西，总期不违于天。兹所录者，确属技艺末务，而有益于民生日用，国家兴作甚急也。"① 这也是宋应星等实学家、启蒙思想家的共同心声。

三、思想和科技的启蒙思潮

（一）思想启蒙

晚明科学启蒙思想家均主张重商富民。

唐甄认为国家的宗旨应该是富民、为民，为此就要实行重商主义，实行自由的经济政策。他还认为，"农本商末"是错误的，应该是"农商并重"。

黄宗羲则提出"工商皆本"的口号，推崇"大贾富民者，国之司命也"，赞扬商业促进了"极其瘦薄"的乡村的发展，为农户提供了"盐、鲑、伏腊、酒酱"等生活资料。②

顾炎武主张因地制宜地振兴工商业，推崇经世致用、农商皆本、利国富民、藏富于民。作为大才通儒的顾炎武甚至身体力行地从事商业，早期，他贩卖布匹、中药材和从事民间借贷，晚年，在山西雁北用股份制垦荒，并创设了票号（银行）。最终，他大获成功，获得丰厚的利润，实现了财务自由。

（二）科技启蒙

由于经济作物种植业、棉纺织业、丝织业、陶瓷业、造纸业、冶铁业等产业需要科技知识提高生产效率，加上实学启蒙思潮的推动，许多实学著作在明末纷纷涌现。

①杭间.中国工艺美学史［M］.3版.北京：人民美术出版社，2018：173.
②王小锡.中国经济伦理学年鉴（2018）［M］.南京：南京师范大学出版社，2020：148.

数学。万历二十年（1592 年），程大位撰写的《新编直指算法统宗》正式成书。

医学。万历二十四年（1596 年），李时珍编纂的药物学著作——《本草纲目》正式刻成。崇祯十五年（1642 年），吴又可（吴有性）撰写的医学著作——《瘟疫论》正式成书。

农学。万历三十六年（1608 年），徐光启创作的《甘薯疏》正式成书，该书是推广红薯的农书。徐光启系统总结我国农业生产的综合性著作——《农政全书》，在崇祯十二年（1639 年）刊行。

水利学。万历四十年（1612 年），由意大利来华传教士熊三拔（*Sabbati-node Ursis*，1575－1620 年）所著的、介绍欧洲水利技术的专著——《泰西水法》正式在北京刊印了。万历四十一年（1613 年），童时明论述太湖流域地理和水利工程技术的著作——《三吴水利便览》正式成书。

军事学。天启元年（1621 年），茅元仪编纂的综合性军事著作——《武备志》正式刊印，该书分 240 卷，合计 200 多万字。

工农业技术综合性著作。崇祯十年（1637 年），宋应星在江西分宜县撰写的《天工开物》一书正式成书并刊印了。

地理学。崇祯十五年（1642 年），由明代地理学家徐弘祖（徐霞客）创作的《徐霞客游记》正式成书。

博物学。崇祯十六年（1643 年），由明末学者方以智撰写的百科全书式的学术著作——《物理小识》初步成书了。

第四章　工业基因

工业文明是新余最鲜明的文化标识、最深层的城市气质。《天工开物》是新余最重要的文化遗产，它形象地展现了晚明新余的工矿业生产情况，也载述并孕育了中国制造的工业基因。明末清初的新余汇集了工业、矿冶业等先进技术，尤其是冶铁业、夏布业比较发达，是名副其实的工业博览区。从延续千年的冶铁业、夏布业到如今钢铁业、锂电业、光电业等产业集群，一代又一代新余人民，缔造了新余的工业基因、延续了工业血脉、续写了工业辉煌。

第一节　冶铁业

冶铁业是新余工业的火种和工业文明之源泉，也是古代新余最发达的产业。作为钢铁之都的新余，其现代钢铁工业来自新余钢铁厂，然而新余钢铁工业的源头可溯源于 1000 多年前的唐代。

据《新唐书·地理志·卷三》记载："袁州郡宜春县有铁。"① 当时分宜还未设县，在袁州郡（今宜春市）境内，这是新余冶铁的最早记载。由此可知，至少从唐代开始，新余就开始挖矿炼铁了。

1990 年至 1992 年，新余市考古工作者对分宜县湖泽镇闹洲村进行考察，发现了 6 处古代挖铁矿、冶铁的遗址，其中以凤凰山古矿冶遗址的规模最大、遗迹遗物最多、保存最完整。凤凰山遗址现存几十座冶铁炉、陶模和大量的铁渣、铁矿粉和唐末以及之后各朝代的生活陶器。凤凰山的冶铁炉火之所以燃烧了上千年，那是因为这里的铁矿可以露天开采，且铁矿的品位高达 40％以上。

---

① 顾祖禹撰．读史方舆纪要 7［M］．北京：团结出版社，2022：3702.

之后，古代新余人民又在凤凰山周边的中贵山、下贵山、伯公庙、斗牛岭、上沂、简炉等地发现了铁矿，并开始挖掘、冶铁。到了南唐保大二年（944 年），信仰佛教的袁州刺史边镐为南昌普贤寺一次便捐了 20 万斤铁以铸造一座大型普贤菩萨骑象雕像。这 20 万斤铁需要 1000 多位矿工用 100 座冶炉冶炼比较长的时间。所谓"凡铁一炉载土二千余斤，或用硬木柴，或用煤炭，或用木炭，南北各从利便。扇炉风箱必用四人、六人带拽。土化成铁之后，从炉腰孔流出。炉孔先用泥塞。每旦昼六时，一时出铁一陀。既出即又泥塞，鼓风再熔。"① 这说明，在南唐时期，新余的冶铁技术已经比较先进了、冶铁业也比较发达了。五代时期（907—961 年），新余开始向官府缴纳铁税。

在宋代 300 多年中（960—1279 年），新余的冶铁业发展得比较平稳。宋代雍熙元年（984 年），宋太宗设置分宜县，并在该县贵山设置冶铁管理机构——贵山铁务衙门，冶铁业日益发达。据史料记载，在北宋皇祐年间（1049—1054 年），整个北宋帝国收 724 万斤铁课，其中有袁州、分宜的铁课。据《袁州府志》记载："袁州于宋淳熙年（1174—1189）间，上节日发进铁 16900 斤。"②

到了元代，《袁州府志》记载："袁州延祐间岁进铁 20500 斤。"换言之，在元仁宗延祐年间（1314—1320），今新余、分宜县每年向大元帝国朝廷进贡 20500 斤铁。元末，由于江西等地发生红巾军起义，新余的冶铁业处于荒废状态。

到了明代初期，明太祖朱元璋颁布法律，允许私人炼铁，税率为十五分之一，加上冶铁技术的积累和进步，新余、分宜人民又开始起炉炼铁了。明洪武三年（1370 年），江西宣抚使冶提举司梅兴在分宜县贵山设立了冶铁管理机构——贵山冶铁分所，重新管理当地的冶铁业。过了三年，即在洪武六年（1373 年），大明帝国共有 13 个官办冶铁所，它们是："进贤、新喻、分

---

① 宋应星. 利工养农《天工开物》白话图解［M］. 夏剑钦译注. 长沙：岳麓书社，2016：218.

② 宋应星；徐琏修. 袁州府志［M］. 上海：上海古籍书店，1963.

宜，湖广兴国、黄梅，山东莱芜，广东阳山，陕西巩昌，山西吉州二所，太原、泽州、潞州各一所，……后河南、四川也设铁冶所。"[①] 新余（新喻）、分宜位列其中，且冶铁税额占全国的两成。大批外地矿工拥入新余炼铁谋生，如嘉靖三十五年（1566年），梁开光便从山东济南迁移到了今分宜县湖泽镇闹洲村。[②]

宋应星在崇祯九年四月至翌年四月间（1636年5月—1637年5月），在分宜县教谕衙门内撰写了《天工开物·五金·锤锻·冶铸》。他以新余、分宜县的冶铁业为主要考察对象，系统地记录了冶铁、铸造、锤锻和热处理等冶金技术，展示了当时全球最先进的冶铁技术。当时的冶铁工艺有两大特征：第一，活塞式木风箱改为两头进风，中间出风，从而提升了风压、风量和炉温，炉的容量也提升了，冶铁效率大大提升了。第二，冶铁炉聚集成一排排或一群群，这就便于冶炼出大块的生铁。

清代，新余、分宜的冶铁业逐渐衰微。尤其是在清末，清政府担心成千上万的矿工聚集后闹事，威胁其统治，开始封山、禁止挖矿冶铁。部分新余人民为了谋生，零零星星地秘密冶铁，冶铁炉火并未完全被熄灭。

民国时期，新余土法冶铁有所发展。土地革命时期，新余人民用土炉冶铁，生产梭镖、大刀、土炮、步枪，供给红军。

中华人民共和国成立之后，新余先后建成了三家大型企业——新余钢铁厂、铁坑铁矿、江西钢厂，它们均由江西冶金厅管辖。

1957年的一天，苏联专家通过飞机遥感勘测发现：新余地区有一条长10多公里的铁矿脉，储藏量为70亿吨，是英国的2倍。翌年6月15日的《江西日报》在头版以《居全国首位超英国总和赣中铁矿储量可达七十亿吨》为题，进行了宣传报道。

---

① 杨宽. 中国古代冶铁技术发展史［M］. 上海：上海人民出版社，2019：165.
② 新余市史志办公室. 天工之城——新余工业史话［M］. 南昌：江西人民出版社，2018.

1958 年 7 月，新余钢铁厂正式成立，领导有张景禄（夏明翰烈士女儿夏芸的丈夫）等人。华东协作区从上海、东北、甘肃酒泉、赣南等地调来大批人马，到了 1960 年 12 月，新余钢铁厂职工人数已达到 36400 人。

不久，进一步的勘探证明苏联人的遥感测量水分太多，新余周边只有两三亿吨的铁矿储藏量，且矿点分布较散、品位只有 26%—40%。加上"三年困难"来临，1961 年，冶金部决定新余钢铁厂中止建设。36400 人剩下 4000 多人，规模缩小为原来的九分之一。在此生死存亡之际，新钢人决定寻找生路。一个偶然的机遇，新余钢铁厂在中央冶金部、江西省的大力支持下，接受了上海市冶金工业局领导张美道的建议，决定转产锰铁。1962 年，新钢扭亏为盈，1965 年盈利 2121 万元，锰铁占全国市场份额的七成。

1958 年铁坑铁矿正式成立。该矿位于江西省新余市分宜县湖泽镇闹洲村凤凰山南麓，从唐朝至现在，一代代新余人均在此采矿冶铁。宋应星在撰写《天工开物·五金·冶铁》时曾经到此进行田野调查。凤凰山冶铁遗址，就是孕育《天工开物·五金·冶铁》的诞生基地。1990 年，该矿产褐铁原矿 30 万吨，产精矿 13.7 万吨，品位为 51%。1991 年年底，该矿有 1882 位职工。从 1958 年建成到 1991 年年底止，铁坑铁矿完成工业产值 1.03 亿元（按 80 年不变价格），采剥总量 2022 万吨，铁精矿产量 196 万吨，生产块矿 40 万吨，为江西省作出了一定的贡献。

1965 年 8 月，在"小三线"建设的背景下，生产军工原材料为主的特殊钢厂——江西钢厂在新余良山公社的周宇大队、戴元大队诞生了。该厂主要由上海人组成，厂长丁振芳原为上海钢铁厂五厂副厂长。国家在该厂总投资为 0.44 亿元，加上后期投资，合计投资 0.57 亿元。该厂主要产品有 40 火箭筒、弹簧片、空速管、大炮、机枪、步枪、炮弹、子弹、地雷、手雷、炸药、鱼雷快艇、登陆艇、巡逻艇、交通艇、扫雷艇、高射炮、导弹零件等。江西钢厂从 1965 年筹建到 1991 年 1 月"两厂一矿"合并，存在 26 年，实现利税 10.6 亿元，其中上缴国家利税 9.4 亿元，相当于建厂以来政府给予其全部投资的 16.5 倍。

为了实现优势互补、提高经济效益和竞争力，1991 年 1 月，有铁的新余钢铁厂、有钢的江西钢厂和有矿的铁坑铁矿正式合并为副厅级的江西新余钢铁总厂。该总厂成立之初，十分困难，职工有 4.6 万人，连家属 12 万人，亏损 2.04 亿元。经过总厂的一番励精图治，1993 年，生产 100 万吨钢，上缴国家利税 3.9 亿元，达成利润 5767 万元，终于扭亏为盈。

2023 年，新钢股份业绩情况如下：营业收入 711.43 亿元，全年实现纯利润 4.98 亿元。产品主要有船用钢、电工钢和金属制品等。新钢的钢铁产量占全省的四成。

第二节　夏布业

据 1979—1980 年间龙虎山崖墓考古发现，早在 2600 多年前的春秋末战国初，江西人民就开始制造夏布（苎布、扁纱、生布）。

分宜县在东晋后期，便开始种植苎麻、纺织夏布，而且在冬暖夏凉的溶洞内进行纺织。至今，分宜县还有许多纺织夏布的洞穴。

从唐朝开始，分宜县夏布成为上层精英喜欢的纺织品。据民国《宜春县志》记载："唐建中元年（780 年），宜春郡岁贡白苎布十匹。"[①] 北宋雍熙元年（984 年），袁州知府刘克庄向皇室贡献夏布"恭维皇帝陛下"。他在《贡布表》中说："袁郡之邑，向进苎布，今俱归分宜督办。"[②] 这说明，在北宋时期，分宜的夏布品质是优良的，口碑是好的。

崇祯年间，宋应星在分宜县任教谕时，以分宜夏布生产为考察对象，撰写了《天工开物·腰机·夏服》内容，图文并茂地介绍了夏布的制作过程。

---

①王德全主编；宜春市地方志编纂委员会编.江西省宜春市志 [M].广州：南海出版社，1990：325.

②江西省分宜县地方志办公室编.分宜县志：上 [M].武汉：武汉出版社，2015：552.

到了清代乾隆年间，分宜的夏布产业处于鼎盛阶段。以"轻如蝉翼、薄如宣纸、软如罗绢、平如水镜"而知名。①《分宜县志》记载："邑北山地多种苎麻，其产盛广，每年三收。五月后，苎商云集各墟市，双林二墟尤盛。妇女多亦绩苎为布，曰苎布。"② 乾隆年间，分宜县的双林、操场、杨桥等墟场，先后成为夏布、苎麻的集散地。每年夏布、苎麻收购后，上海、无锡、镇江、烟台、南昌、吉安等地的商人，蜂拥而至，坐地收购，旺季的墟日，双林可收夏布 1000 多匹。乾隆下江南时，收到了一匹产自江西分宜县双林镇的夏布，至今仍保存在中国历史博物馆内。

民国时期，开始有人兴办夏布纺织厂，1947 年，分宜产夏布 10 万匹，进入手工生产夏布的全盛时期，销售到中国汉口、上海、山东、江苏、香港以及外国的朝鲜、日本、东南亚等国家和地区。

中华人民共和国成立后——尤其是在改革开放后，分宜夏布产业得到较大的发展。1954 年，分宜年生产夏布 9.15 万匹。

1978 年党的十一届三中全会召开以后，分宜县麻纺厂实行职工承包经营责任制、生产责任制，夏布工人积极性提高了。农村实行家庭联产承包责任制后，解放了农民，有了更多的剩余劳动力开始从事夏布生产。

1984 年，分宜县供销社下辖的棉麻纺公司副经理邱新海成立了分宜县麻球厂（江西分宜苎麻纺织厂前身），年产精干麻 500 多吨。

1997 年，新余市新达苎麻夏布有限公司成立了。该厂有若干架传统腰机和 10 多个工人，主要产品是麻线、夏布。1998 年，该企业和韩国人合作，成立江西恩达家纺有限公司，引进韩国先进生产设备，成为全国第一家先进的夏布企业。2000 年，恩达家纺公司生产夏布约 40 万匹，出口交货 4720 万元，2003 年出口夏布床上用品 76710 套，2005 年，出口韩、日夏布

---

①朱谱新．苎麻材料［M］．北京：中国纺织出版社，2021：140.

②中国人民政治协商会议新余市委员会文史资料研究委员会．新余文史资料：第 4 辑［C］．内部资料．1990：68.

40 万匹，出口值 6000 万元。①

截至 2023 年 6 月下旬，新余市共有麻纺织业 241 家，从业人员有 4679 人，其中中等规模以上企业 31 家。江西恩达家纺有限公司建立了中国第一条微生物脱胶精干麻生产线，处于世界领先水平。麻和多种纤维混纺、交织的高档面料产品的开发，填补了我国的空白。②

第三节　延续工业基因

工业新余，赣中古邑；千载炉火，生生不息。流淌在一代代新余人血脉中的工业基因，缔造了古代新余的辉煌，构建了现代新余的脊梁。新余的冶铁业、夏布业等工矿业历史悠久、技术底蕴深厚，《天工开物》载述、孕育了该地的工业基因。

正如上文所述，随着新余钢铁厂、铁坑铁矿和江西钢厂的发展，新余成为江西钢铁工业基地之一。和钢铁产业相配套的产业也随之发展起来了，20 世纪 70 年代，隶属赣西供电局的分宜发电厂、江口水电厂等发电厂建成并不断扩容；煤矿产业开始大发展；平衡社会的新余纺织厂也建成了。

1983 年，新余恢复为地级市，机械产业得到发展，主要企业有江西电工厂、长林机械厂（原江西省宜春市铜鼓县的 177 厂）、长红机械厂（原江西省宜春市铜鼓县的 297 厂）。化工产业也初具规模，主要企业有江西第二化肥厂、前卫化工厂等。

到了 20 世纪 90 年代，具有地方特色的、较为齐全的新余工业经济体系初步形成。该体系的核心产业有 1 个，即为冶金产业，主导产业有 7 个——机械产业、电

①江西省分宜县地方志办公室编．分宜县志：上［M］．武汉：武汉出版社，2015：552.

②李长海．精准发力延链补链强链推动产业做大做强做优——关于我市夏布文化传承与发展的思考和建议［EB/OL］．（2023－06－25）［2024－05－23］．https：//www.sohu.com/a/690603864_121106994.

力产业、煤炭产业、化工产业、建材产业、纺织产业、食品产业。

从 21 世纪头十年开始，新余开始建设新的经济增长点，新能源、新材料、光电信息产业、装备制造得到发展。

经江西省统计局核定，新余市 2023 年的 GDP 为 1261.89 亿元，比 2022 年增长 2.5%。三次产业结构调整为 5.9∶40.5∶53.6。两大主导产业——钢铁产业、锂电新能源产业分别增长 8.3%、8.6%，其余四大产业为电子信息产业、装备制造产业、纺织鞋服产业、非金属新材料产业。新余市六大产业的增加值比上年增加 2.6%。①

天工开物文化所彰显出来的爱国情怀、务实作风、创新品格、工匠精神、和谐理念，为新余这座工业城市注入了强劲的精神动力，激励着一代又一代新余人民顽强拼搏、艰苦奋斗，让千年工业基因终于在新余落地生根，树木葱茏，层层叠叠，绿意盎然，春华秋实。

被历史的岁月尘封近 300 年的天工开物文化，在其诞生地——新余，终于美丽绽放。新余，成为实至名归的天工开物之城了。

①新余市统计局，国家统计局新余调查队．新余市 2023 年国民经济和社会发展统计公报［EB/OL］．（2024－04－18）［2024－05－24］http：//xinyu．gov．cn/xinyu/tjgb/2024－04/18/content＿409afb8110bf4c578ae56767985af3e2．shtml.

第五章　先进技术

英国学者李约瑟（Joseph Needham，1900—1995 年）的《中国科学技术史·第一卷》有一张表，表的名字为，"中国传到西方的机械和其他技术"。它列举了最主要的 26 种技术，并标注了欧洲落后于中国的年度。在 26 个项目中，《天工开物》里载述了 18 种技术。这 18 种技术可分为五类。这些工具及其技术，发明及其使用时间的超前状态展现了独具匠心的先进技术。

第一节　农业技术

《天工开物》中记载的 4 种农业技术，即龙骨水车、石碾与水力石碾、风扇车和簸箕，均比西方先进。

一、龙骨水车

就龙骨水车（踏车）而言，西方落后于我国的大致时间为 15 世纪（1500 年）。[①]

龙骨水车是一种方形板叶链式抽水机，它由带有提水的方形板叶的环式闭链构成。它可以把大量的水抽取到 5 米高的地方，它也可以用来运土壤、砂石，因此，它本质上是一种带式传送机械。它诞生的时间大约在公元 1 世纪——东汉时期，东汉学者王充（27—97 年）在他的《论衡》中说龙骨水车出现在公元 80 年左右（见图 5-1）。

---

① 李约瑟 . 中国科学技术史：第一卷导论 [M] . 袁翰青，译 . 北京：科学出版社，2018：242-243.

图 5-1 龙骨水车 (a)

图 5-1　龙骨水车（踏车）（b）

宋应星对龙骨水车的工作效率进行了载述，他指出："（龙骨水车）车身长者二丈，短者半之。其内用龙骨拴串板，关水逆流而上。大抵一人竟日之力，灌田五亩，而牛则倍之。"①

精巧的龙骨水车抽水效率高，可以用来排水、灌溉农田和提供饮用水，令外国人瞩目。中世纪的朝鲜、越南均引入了龙骨水车。1221 年，土耳其人看到了龙骨水车，深感惊讶、赞叹，赞美华人在许多事情方面均十分精巧。

---

①田东江．濯缨何必向沧浪：报人读史札记八集［M］．广州：中山大学出版社，2020：291.

二、石碾与水力石碾

就石碾和用水力驱动的石碾而言，西方落后于我国的大致时间分别为 13 世纪（1300 年）和 9 世纪（900 年）。①

《天工开物》记载："凡砀，砌石为之，承藉、转轮皆用石。牛犊、马驹唯人所使，盖一牛之力日可得五人。但入其中者，必极燥之谷，稍润则碎断也。"②（见图 5－2）。

图 5-2　石碾（a）

---

①李约瑟．中国科学技术史：第一卷导论［M］．袁翰青，译．北京：科学出版社，2018：242－243.

②宋应星；夏剑钦校注．利工养农《天工开物》白话图解［M］．长沙：岳麓书社，2016：71.

图 5-2　石碾（b）

　　石碾是加工稻谷的一种工具。江西的水利资源丰富，宋应星当时在江西袁州府分宜县工作，该县有许多水力驱动的石碾，他对此进行了实地田野调查，所以他在《天工开物·粹精》中载述了水碾的内容（见图5-3）。

图5-3　水碾（a）

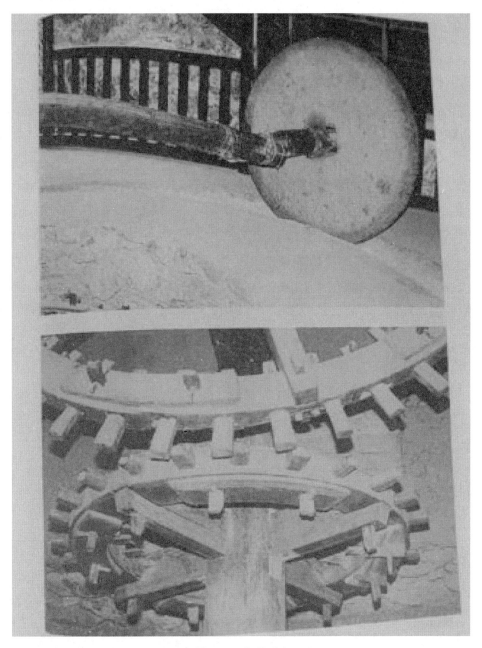

图 5-3　水碾（b）

三、风扇车和簸箕

（一）风车（风扇车）

就风车（风扇车）和簸箕而言，西方落后于我国的大致时间为 14 世纪（1400 年）。[1]

《天工开物》记载："凡稻最佳者九穰一秕，倘风雨不时，耘耔失节，则六穰四秕者容有之。凡去秕，南方尽用风车扇去；北方稻少，用扬法，即以扬麦、黍者扬稻，盖不若风车之便也。"[2]（见图 5-4）。

图 5-4 风车（a）

①李约瑟．中国科学技术史：第一卷导论［M］．袁翰青，译．北京：科学出版社，2018：242-243.

②宋应星；夏剑钦校注．利工养农《天工开物》白话图解［M］．长沙：岳麓书社，2016：70.

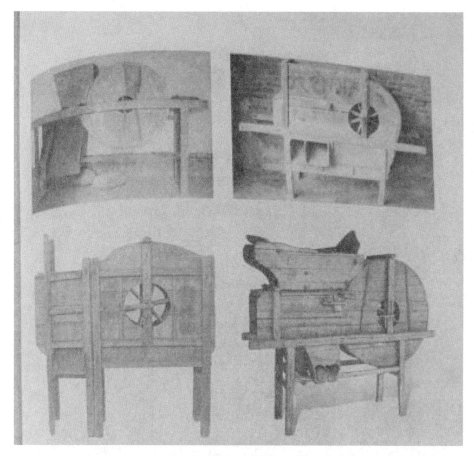

图 5-4　风车（风扇车）(b)

与元代王祯《农书》中记载的脚踏闭合式风箱式扇车相比，《天工开物》中载述、绘制的风扇车为手摇风箱闭合式扇车，它比较完备。其右边装有轮轴、风扇叶和手摇曲柄，外包一个圆形的风腔，进风口便是曲柄周边的小圆孔，其左边是和风箱相连的长方形风道。操作时，顶部漏斗内的稻谷、高粱、玉米、小米等通过阀口进入风道，饱满的颗粒下流出口，而秕糠杂物等则随着气流顺风道吹出机尾出风口。

这种闭合式手摇风扇车，大约诞生于南宋时期。

（二）簸箕

《天工开物》说："凡攻治小米，扬得其实，舂得其精，磨得其粹。风扬、车扇而外，簸法生焉。其法篾织为圆盘，铺米其中，挤匀扬播。轻者居前，簸弃地下；重者在后，嘉实存焉。"[①]（见图5-5、图5-6）。

图 5-5　扬簸图

---

①宋应星；夏剑钦校注．利工养农《天工开物》白话图解［M］．长沙：岳麓书社，2016：74.

图 5-6　簸箕

　　《诗经·小雅·大东》记载，在东周之前，我国人民已经发明了簸箕，而且利用密度和风力的原理分离粮食及其中的杂物。簸箕在北方有两大功能：一是盛放东西，二是簸东西。南方主要用它来簸东西和晒东西。北方簸箕的材质是柳条，南方的材质是毛竹。

　　簸箕三面竖立，前口敞开，留一个"舌头"，用来吐掉废物。质量比较好的簸箕具有以下特点：一是窝比较深；二是掌比较平；三是不会撒落粮食；四是簸东西比较方便。簸箕的"掌平"有利于扬播出杂物，不会留下残渣。

第二节　手工业技术

《天工开物》中记载了多种手工业技术，即水排，活塞风箱，提花机，缫丝、纺丝与调丝机，造纸，瓷器，均比西方先进。

一、冶铁水排（水力鼓风机）

冶铁水排也叫作水力鼓风机。就冶铁水排而言，西方落后于我国的大致时间为 11 世纪（1100 年）。[①]

水排据说是东汉南阳太守杜诗发明的。元代王祯的《农书》对水排的结构进行了说明。水排的组成部分有：水轮—绳带传动—曲柄—鼓风器（见图 5－7）。它可以用在冶铁场、陶窑。[②]

图 5-7　冶铁水排（水力鼓风机）

---

①李约瑟. 中国科学技术史：第一卷导论 [M]. 袁翰青，译. 北京：科学出版社，2018：242－243.

②曹仲文. 唐代饮食器械史 [M]. 北京：中国纺织出版社，2022：179.

《天工开物》记载的水排是用来解决大炉子的鼓风问题的。它有一根轴，轴的上部和下部各安装了一个轮子，上面的是传动轮，下面的是水轮。当高处的水冲击到下面的水轮上，水轮转动带动轴并带动上面的传动轮，传动轮带动行恍，行恍推动风箱给大炉子提供空气。这种水排供风量比皮囊的大很多，风力也强劲很多，可以为 100 立方米的竖炉提供所需要的风。在明代，100 立方米的竖炉一天可以生产 1—2 吨生铁。

二、活塞风箱

就活塞风箱而言，西方落后于我国的大致时间为 14 世纪（1400 年）。[①]

《天工开物》在载述釜、煤炭、黄金、银、铁的工艺时，在文字和技术图中，均提到了活塞风箱。

东汉杜诗发明的水力鼓风机——水排，其实是一种比较简单的木风箱，也叫木扇。元代王祯的《农书》和元代至顺元年（1330 年）绘制的《熬波图·37 图——铸造铁柈图》，也介绍了这种木扇。比木扇更先进的鼓风机——活塞鼓风机的发明时间还未考证出来，但是成书于崇祯十年（1637 年）的《天工开物·冶铸》等部分，已经出现了它。目前，在一些老铁匠铺子内依然可以看到它的身影。宋应星称这种活塞鼓风机为"风箱"（见图 5—8）。

---

①李约瑟．中国科学技术史：第一卷导论［M］．袁翰青，译．北京：科学出版社，2018：242—243．

图 5-8　风箱

　　这种活塞式风箱有长方体的，也有圆柱体的。《天工开物》中的是长方体的，它由木板拼凑而成，箱内有一个大活塞——鞴。鞴的拉手在箱子之外，可以前后推拉。箱子的两头开有通风口，各安装了一个只能向内开合的活门。木箱的下部或侧部安装了一条通风管。通过前后推拉鞴，向高炉内送风。圆柱体的活塞式风箱，结构和长方体的大同小异。只是它是用圆木挖凿成的，由于箱内无死角，所以送风效果更好。送出的风量更大，风压更高，不会漏气，结实耐用。它在清代已经得到普及了，滇南矿山上多用这种圆柱体活塞风箱，就是现在的许多老铁匠也依然用这种风箱。

　　和宋元时期的木扇这种简便的活门木风箱相比，明代的活塞鼓风机（活塞风箱）在技术上进步了很多。因为后者提供的风量更多，风压更高，风能渗透深入到炉内深处，炉内的温度得以大大提高，如此就可以炼出高品质的金属了。

三、提花机

　　就提花机而言，西方落后于我国的大致时间为 4 世纪（400 年）。[①]

　　《天工开物·乃服》中介绍造绵、花机式中等内容均提到了提花机，文中说："凡花机，通身度长一丈六尺，隆起花楼，中托衢盘，下垂衢脚（水磨竹棍为之，计一千八百根），对花楼下掘坑二尺许，以藏衢脚（地气湿者，架棚二尺代之），提花小厮坐立花楼架木上。机末以的杠卷丝，中间叠助木两枝，直穿二木，约四尺长，其尖插于筘两头。叠助，织纱罗者，视织绫绢者减轻十余斤方妙。其素罗不起花纹，与软纱绫绢踏成浪梅小花者，视素罗只加桄二扇。一人踏织自成，不用提花之人，闲住花楼，亦不设衢盘与衢脚也。其机式两接，前一接平安，自花楼向身一接斜倚低下尺许，则叠助力雄。若织包头细

---

　　①李约瑟．中国科学技术史：第一卷导论［M］．袁翰青，译．北京：科学出版社，2018：242－243.

软，则另为均平不斜之机。坐处斗二脚，以其丝微细，防遏叠助之力也。"①
宋应星在用文字载述、说明了提花机之后，还搭配了一张技术图——《花机
图》（见图5－9）。

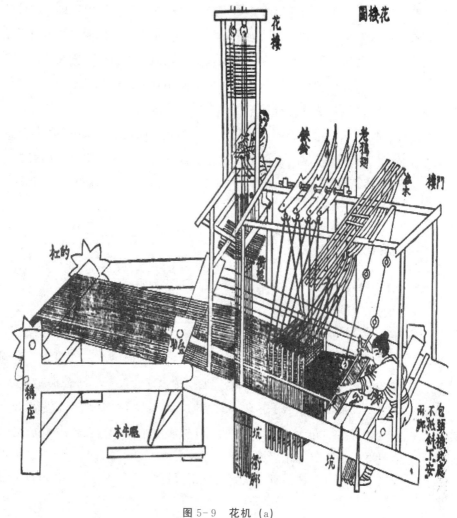

图5-9　花机（a）

①宋应星；夏剑钦校注．利工养农《天工开物》白话图解［M］．长沙：岳麓书社，
2016：42.

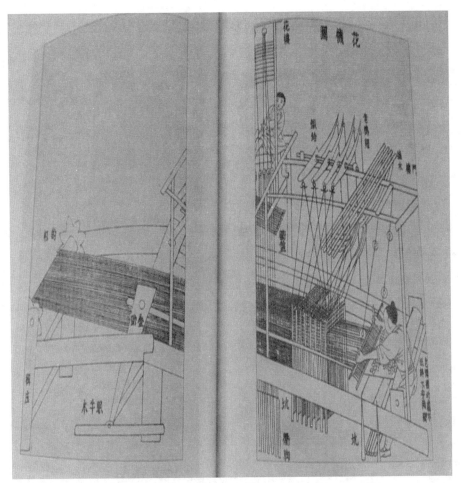

图 5-9　花机（b）

从这些文字和技术图可知，提花机是一种结构比较复杂的，也是世界上最先进的纺织机器。提花机的发明，是我国对人类文明所作的重大贡献之一。

宋应星用简练的语言、精美的技术图，比较准确、精细地勾勒出了提花机的结构、零件的规格及其相互关系，从而为后人提供了研究古代纺织技术的珍贵史料。

据杨维增等人考证，宋应星撰写"提花机"部分内容时，参考了南宋宋高宗的妻子吴皇后的《蚕织图》和楼璹的《耕织图》。

四、缫丝车、调丝车与纺丝车

就缫丝机（锭翼式，以便把丝线均匀地绕在卷线车上，11世纪时出现，14世纪时应用水力纺车）而言，西方落后于我国的大致时间为3—13世纪（300—1300年）。[1]

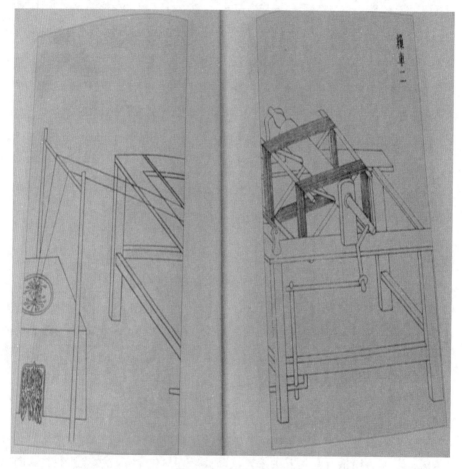

图 5-10　缫车结构图

---

[1]李约瑟.中国科学技术史：第一卷导论［M］.袁翰青，译.北京：科学出版社，2018：242—243.

图 5-11　缫车和脚踏缫车

图 5-12　调丝车（a）

图 5-12　调丝车（b）

图 5-13 纺丝车 (a)

图 5-13　纺丝车 (b)

脚踏缫丝车是手工缫丝的最好的工具，使用这种缫丝车，一个熟练缫丝匠便可以完成缫丝的全过程，而且缫丝效率能成倍地提高。这种脚踏缫丝车在南宋吴皇后的《蚕织图》中用文字、图片说明了其结构和使用方法。这说明脚踏缫丝车在宋朝时已经比较完善了，元、明、清三代并没有大的改变。

《天工开物·乃服·印架》中的印架是用来给蚕丝过糊（浆丝）的，主要是用来增加经丝的强度，以承受织作时产生的张力。

五、造纸

就造纸而言，西方落后于我国的时间为 10 世纪（1000 年）。[①]

《天工开物·杀青》介绍了造纸技术的各个方面：纸料有树皮、毛竹，制造竹纸的技术，制造皮纸的技术，而且还搭配了 6 张技术图——《斩竹漂塘》《煮楻足火》《荡料入帘》《抄纸》《覆帘压平》《透火焙干》（见图 5—14 至图 5—19）。

---

①李约瑟．中国科学技术史：第一卷导论［M］．袁翰青，译．北京：科学出版社，2018：242—243．

图 5-14 斩竹漂塘

图 5-15 煮楻足火

荡料入帘

图 5-16　荡料入帘

图 5-17 抄纸

图 5-18 覆帘压平

图 5-19　透火焙干

宋应星在介绍制造竹纸时，特地提到了凝结纸张要兑入一种特殊的药水，他说："入纸药水汁于其中，形同桃竹叶，方语无定名。"[①] 欧洲人在 18 世纪的时候也会造纸，但其生产出来的纸张质量很差，生产效率低下，之所以如此，就是因为没有掌握在纸浆中添加纸药的技术。

六、瓷器

就瓷器而言，西方落后于我国的时间为 11—13 世纪（1100—1300 年）。[②]

宋应星在《天工开物·陶埏》中介绍了白瓷、青瓷的生产技术。他重点介绍了百姓日常生活所需要的民用白瓷的生产工艺，这种民用白瓷是景德镇生产的。宋应星详细地介绍了这种民用白瓷的原料瓷土的配置、造坯工序及其工具、过釉、绘图、入窑烧结。他说："共计一坯工力，过手七十二方克成器，其中微细节目尚不能尽也。"[③] 这说明，陶瓷生产已经有了比较细致的分工了。

宋应星还在文字后面搭配了《瓷器窑》《过利图》《瓷器汲水》《打圈图》《瓷器过釉》等技术图，图文并茂，以让读者全面掌握此技术（见图 5－20 至图 5－24）。

①宋应星；夏剑钦校注．利工养农《天工开物》白话图解 ［M］．长沙：岳麓书社，2016：199.

②李约瑟．中国科学技术史：第一卷导论 ［M］．袁翰青，译．北京：科学出版社，2018：242－243.

③宋应星；夏剑钦校注．利工养农《天工开物》白话图解 ［M］．长沙：岳麓书社，2016：126.

瓷器窑

天窗十二眼
横入前烧火
两眼时火
候上足下
共时火力
十二时辰

两火交烧十筲瓷
是火齐下火上

图 5-20　瓷器窑

图 5-21　过利图

图 5-22　瓷器汯水

图 5-23　打圈图

图 5-24　瓷器过釉

第三节　交通工具业技术

《天工开物》中记载了多种交通工具业技术，即造船和航运技术、船尾的方向舵、磁罗盘、挽畜用的两种有效挽具（胸带式和颈带式）、独轮车，均比西方先进。

一、造船和航运领域的技术

造船和航运的许多技术，包括防水隔层、高效空气动力学，以及索具技术。就造船和航运的许多原理而言，西方落后于我国的时间超过 10 世纪（1000 年）（见图 5—25）。①

图 5-25　艚舫图

---

①李约瑟．中国科学技术史：第一卷导论［M］．袁翰青，译．北京：科学出版社，2018：242—243．

《天工开物·舟车》中介绍了我国古代比较先进的造船技术。例如，《天工开物》介绍填充船板缝隙以防水的技术。船工把两块船板各挖凿一个小孔，白麻绳穿过扎紧，缝隙则用麻线、石灰、牡蛎灰、桐油混合物填充。这种混合物叫作艌料，由船工用凿子压入缝隙中。所有的缝隙被艌料填满、压紧之后，船工再在缝隙外面涂抹一层艌料，然后用弧形工具把罅隙刮平。如此，既可以刮下多余的艌料、节约成本，又可以让艌料均匀地覆盖所有的罅隙，增加实用性和美观性。最后是上桐油，船工用桐油把整条船刷一遍，等到桐油晾干之后，一条崭新的、淡黄色的船就完美地造好了。再如，运河、江河上航行的船用的缆绳有很多种。拉动风篷的绳子是用麻线制造的，它比较粗，直径有一寸多，能承受比较大的重量。系铁锚用的绳子是用竹篾编织而成的，在编织之前，竹篾必须在草木灰水中煮熟、煮透。但四川系锚绳子的做法有所不同，绳匠先把整条毛竹煮熟、煮透，再剖成竹篾编制系锚绳，而非煮熟竹篾后编绳，之所以如此，那是因为四川江河沿岸的岩石锋利如刀剑，容易损伤锚绳。

二、船尾的方向舵

就船尾的方向舵而言，西方落后于我国的时间为 4 世纪（400 年）。[①]

船在水上行走时犹如风吹动一片树叶一样，设置船舵的目的是改变水流的方向以保证船在正确的航道航行。船尾的方向舵必须和船腹同样高，之所以如此，那是因为如果舵比船腹更高，那么在浅水处，船腹前进了，舵却未能通过会搁浅；假如舵太短了，则其转变的力度太小，改变船的方向会比较缓慢。舵的操纵柄叫作关门棒，犹如汽车方向盘，操纵的方向和船航行的方向是相反的，假如希望船向东走则往西拉动关门棒，假如希望船往西航行则往东拉动它。假如船身太长了，而且风力又太大了，船尾的舵不容易操控，这时候就必

---

①李约瑟．中国科学技术史：第一卷导论［M］．袁翰青，译．北京：科学出版社，2018：242－243．

须往下拉动披水板，增加舵的控制力度，以抵消强大的风力（见图5—26）。

图 5-26 舵楼

航行在京杭大运河上的漕舫的船尾舵，主要结构是一根笔直的木头，大约有1丈长、1尺左右的直径，上面一头嵌入关门棒，下面一头凿一条沟槽，以铁钉固定一块木板，形如大型木斧头。

三、磁罗盘

就磁罗盘（指南针、罗经盘）而言，西方落后于我国的时间为 11 世纪（1100 年）。[①]

《天工开物·舟车》中介绍海船时提到了指南针，文中说："至其首尾各安罗经盘以定方向。"[②]

《天工开物》所提到的罗经盘（罗盘、地罗经），其实就是古代的北斗导航系统或 GPS 导航系统，是一种指向仪器，其基本原理便是利用地磁场的作用，磁针的北极一定指向地磁场的南极，而磁针的南极则一定指向地磁场的北极。此一原理可以为航海指明方向。罗经盘的发明，源于古人对天然磁石强磁性的认识，古人发现磁石之间会互相排斥或互相吸引，也能吸附铁金属，铁金属也可以被磁化。在宋代，人们经过多次试验后，发明了各种指向仪器，罗经盘便是其中的一种，而且发现了地磁场及其偏角、倾角。沈括在《梦溪笔谈》中介绍两种磁化铁金属的方法：第一种是铁针在磁石上不停地定向摩擦；第二种是把铁针进行加热之后，沿着南北方位安放，利用地磁场对其磁化。

四、挽畜用的两种有效马具：胸带式和颈带式

就挽畜用的两种有效马具（胸带式和颈带式）而言，西方落后于我国的时间分别为 8 世纪（800 年）、6 世纪（600 年）。[③]

《天工开物·舟车》中介绍了挽畜用的两种有效马具——胸带式和颈带式（见图 5－27）。

---

① 李约瑟．中国科学技术史：第一卷导论 ［M］．袁翰青，译．北京：科学出版社，2018：242－243.

② 宋应星；夏剑钦校注．利工养农《天工开物》白话图解 ［M］．长沙：岳麓书社，2016：156.

③ 李约瑟．中国科学技术史：第一卷导论 ［M］．袁翰青，译．北京：科学出版社，2018：242－243.

图 5-27　合挂大车图

　　胸带式系驾法大约在汉代就被古人发明了，它用单马或独牛牵引。这是一种重要的发明，居于世界领先地位。胸带式系驾法能让马或牛在奔跑的时候，保持呼吸的通畅，效率要比罗马帝国的颈带式系驾法先进很多。古代欧洲人比我国晚了800年才发明了胸带式系驾法。

五、独轮车

就独轮车而言，西方落后于我国的时间分别为 9—10 世纪（900—1000 年）。①
《天工开物·舟车》在介绍车的制造技术时说："其南方独轮推车，则一人
之力是视。容载两石，遇坎即止，最远者止达百里而已。"② 宋应星还搭配了
一种《双缰独轮车图》，图上有两头牲畜（估计是驴子）拉着一辆独轮车前进
的场景（见图 5－28）。

图 5-28 双缰独轮车图

①李约瑟．中国科学技术史：第一卷导论［M］．袁翰青，译．北京：科学出版社，2018：
242－243.

②宋应星；夏剑钦校注．利工养农《天工开物》白话图解［M］．长沙：岳麓书社，
2016：160.

最迟在东汉，我国人民就已经发明了独轮车，因为川吴等地的画像砖中出现了它的图像。三国蜀汉的诸葛亮发明了木牛独轮车，前后有车辕，车轮比较小，车架两侧可放东西，由于它的载重量比较大，所以行走速度不快，而且必须前面一个人拉，后面一个人推。由蒲元发明的流马独轮车，其载重量比较小，车轮稍大一些，由一个人在后面推，因为轮子较大，所以行走速度比较快。

第四节　矿冶技术

《天工开物》中记载了2种矿冶技术，即深钻矿井技术、铸铁技术，均比西方先进。

一、深钻矿井技术

就深钻矿井技术而言，西方落后于我国的时间为11世纪（1100年）。[①]

《天工开物·作咸》提到四川自贡盐民的深钻卤水井的技术，文中说："盐井周圆不过数寸，其上口一小盂覆之有余，深必十丈以外乃得卤性，故造井功费甚难。其器冶铁锥，如碓嘴形，其尖使极刚利，向石山舂凿成孔。其身破竹缠绳，夹悬此锥。每舂深入数尺，则又以竹接其身使引而长。初入丈许，或以足踏碓梢，如舂米形。太深则用手捧持顿下。所舂石成碎粉，随以长竹接引，悬铁盏挖之而上。大抵深者半载，浅者月余，乃得一井成就。"[②] 此外，书中还配置了《凿井》图，文图相对应，让读者结合文字理解深钻卤水井的技术（见图5—29）。

---

①李约瑟. 中国科学技术史：第一卷导论［M］. 袁翰青，译. 北京：科学出版社，2018：242—243.

②宋应星；夏剑钦校注. 利工养农《天工开物》白话图解［M］. 长沙：岳麓书社，2016：91.

图 5-29 凿井

我国古代的钻井技术是一种冲击式钻井法，简称旧式顿钻法，根据钻具的组合与串联方式的差异，又可分为两种：第一种，竹篾绳式冲击钻井法，简称"竹篾法"。第二种，竹竿和钻头连接在一起钻井，叫作竹竿冲击式钻井法，简称"竹竿法"。竹篾法、竹竿法这两种钻井法的发明时间，目前还未考证出来。

《天工开物·作咸·井盐》中重点介绍了竹竿法。具体做法是：把竹筒的一头剖开，夹紧铁锥顶部的云头，再用铁箍把其扎紧、固定。并每凿井一至三米，就要用竹身把竹竿连接长，竹钻竿的长度由井的深度决定，直到卤水井竣工。一般而言，挖一口卤水井，深的要半年的时间，浅的只要一个月的时间。

二、铸铁技术

就铸铁技术而言，西方落后于我国的时间为 10—12 世纪（1000—1200年）。[①]

公元前 1300 年（当时属于商朝），中国人已经从陨石中发现了铁，但那时候铁金属属于奢侈品，并没有在手工业中大量使用。《天工开物·冶铸》中说："首山之采，肇自轩辕，源流远矣哉。九牧贡金，用襄禹鼎，从此火金功用日异而月新矣。"[②]（见图 5—30 至图 5—32）。

---

①李约瑟. 中国科学技术史：第一卷导论 ［M］. 袁翰青，译. 北京：科学出版社，2018：242—243.

②宋应星；夏剑钦校注. 利工养农《天工开物》白话图解 ［M］. 长沙：岳麓书社，2016：235.

图 5-30 铸钱

图 5-31 鎈钱

图 5-32 古代外圆内方的铜钱

我国真正进入铁器时代是在春秋战国时期。最迟在公元前 6 世纪的春秋时期，我国人民就开始熔铸生铁了，在相当长的时间内，各种生产工具均由铸铁制造而成，而且在中世纪，在生铁冶铸的基础上构建了钢铁生产的一整套工艺技术。

欧洲一些国家大约从公元前 10 世纪（当时中国处于西周）开始进入铁器时代，在相当长的时间内用块铁锻打各种生产工具、武器等，钢也是由块铁渗碳获得的。据说在公元 1 世纪时，罗马帝国冶铁工人在炉子过热的时候偶然能获得生铁，但他们不会使用，把它们当作废品丢弃，一直到了 14 世纪（当时我国处于元代），欧洲人才会使用铸铁技术制造各种器件。

第五节　军工技术

《天工开物》中记载了多种军工技术，即弓弩、火药及其相关技术，均比西方先进。

一、作为冷兵器的弓和弩

就作为个人武器的弓弩而言，西方落后于我国的时间为 13 世纪（1300年）。①

《天工开物·佳兵》中介绍了弓和弩的生产技术、原材料、杀伤力等。

宋应星在文中介绍了不同弓弦的原材料："凡牛脊梁每只生筋一方条，约重三十两。杀取晒干，复浸水中，析破如苎麻丝。北边无蚕丝，弓弦处皆纠合此物为之。中华则以之铺护弓干，与为棉花弹弓弦也。凡胶乃鱼脬杂肠所为，煎治多属宁国郡，其东海石首鱼，浙中以造白鲞者，取其脬为胶，坚固过于金铁。北边取海鱼脬煎成，坚固与中华无异，种性则别也。天生数物，缺一而良弓不成，非偶然也。"②（见图 5－33 至图 5－35）。

---

①李约瑟．中国科学技术史：第一卷导论［M］．袁翰青，译．北京：科学出版社，2018：242－243．

②宋应星；夏剑钦校注．利工养农《天工开物》白话图解［M］．长沙：岳麓书社，2016：136．

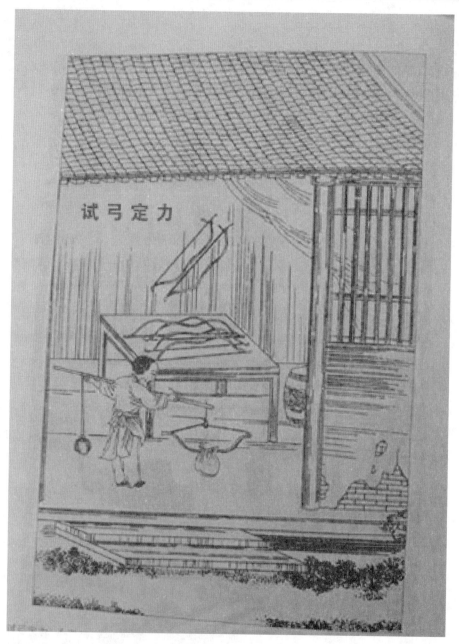

图 5-33　试弓定力

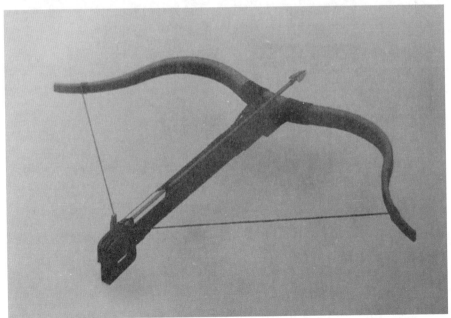

图 5-34　连发弩

图 5-35　开弩和发弩

同时，宋应星对比了弓和弩的异同，他认为弓的射程比较远，强弓的射程为 200 多步远，而强弩的射程只有 50 步远，但是，弩比弓的射速更大，弩箭可穿透物体的深度比弓箭要大一倍。所谓"凡弓箭强者行二百余步，弩箭最强者五十步而止，即过咫尺，不能穿鲁缟矣。然其行疾则十倍于弓，而入物之深亦倍之。"①

二、作为热兵器的火药和军用火药

作为热兵器的火药和作为军火技术使用的火药而言，西方落后于中国的时间分别为 5—6 世纪（500—600 年）和 4 世纪（400 年）。②

我国第一次提到火药配方是 9 世纪中叶的晚唐。火药第一次用于战争是在后梁贞明五年（919 年），火药被用于石油燃烧的火焰投火器中。北宋帝

---

①宋应星；夏剑钦校注．利工养农《天工开物》白话图解［M］．长沙：岳麓书社，2016：238.

②李约瑟．中国科学技术史：第一卷导论［M］．袁翰青，译．北京：科学出版社，2018：242—243.

国建立了火药工厂，大约在北宋咸平三年（1000 年），火药被制成燃烧弹，还被制造成简易的、带有爆炸性的火器，如霹雳火球、震天雷（神元混火球）、烟球、毒药烟球、蒺藜火球、铁嘴火鹞、竹火鹞。到了 13 世纪（当时中国是南宋时期），为了对付凶悍的敌人，具有爆炸性的黑色火药开始被装填入各种火器中，而且得到了普及，诸如火枪（突火枪）和火箭、火药鞭箭也出现了（见图 5－36）。

图 5-36　万人敌（守城毒气弹）

《天工开物·佳兵》中介绍了多种火药料——硫黄、硝石、炭灰、白砒、硒砂、金汁、银锈、人粪、朱砂、雄黄、雌黄、硼砂、瓷屑、猪牙皂英、花椒、朱砂、雄黄、轻粉、草乌、巴豆、桐油、松香、狼粪、江豚灰等。

所谓"凡火药，以硝石、硫黄为主，草木灰为辅。硝性至阴，硫性至阳，阴阳两神物相遇于无隙可容之中。其出也，人物膺之，魂散惊而魄齑粉。凡硝性主直，直击者硝九而硫一。硫性主横，爆击者硝七而硫三。其佐使之灰，则青杨、枯杉、桦根、箬叶、蜀葵、毛竹根、茄秸之类，烧使存性，而其中箬叶为最燥也。凡火攻有毒火、神火、法火、烂火、喷火。毒火以白砒、硇砂为君，金汁、银锈、人粪和制。神火以朱砂、雄黄、雌黄为君。烂火以硼砂、瓷末、牙皂、秦椒配合。飞火以朱砂、石黄、轻粉、草乌、巴豆配合。劫营火则用桐油、松香。此其大略。其狼粪烟昼黑夜红，迎风直上，与江豚灰能逆风而炽，皆须试见而后详之。"① 然后，宋应星再介绍了硝石和硫黄的原料、产地、制作技术等。此外，《天工开物·燔石》部分对硫黄也有详细的载述。

---

① 宋应星；夏剑钦校注. 利工养农《天工开物》白话图解［M］. 长沙：岳麓书社，2016：240

第六章　造物文化

就造物文化的观念维度而言，宋应星认同泰州学派创始人王艮的观点，即"道为器生、器在道先、百姓日用即道。"① 他也认同该学派一代宗师李贽的观点，即"穿衣吃饭，即是人伦物理"的道器观。② 就造物文化的制器维度而言，他认同王艮的"中"与"至善"的成器之道。

第一节　道器观的演变

道器中的"道"是指：作为万事万物发展的根本动力、基础与源泉的矛盾，即阴气和阳气，相互作用而产生万物的道理；"器"是指：契合一定准则而创制的、具象可感的、有形有用的物体。所谓"形而上谓之道，形而下谓之器。"③

就道、器之间的关系而言，中晚明之前的儒家认为：应重道轻器；道是圣贤君子所为，百姓无能力和资格从事道的工作；道在先，器在后，所谓道先器后，道为尊而器为卑，道在上而器在下；作为创制器物的"技"是不能和"道"平起平坐的。

中晚明之后，随着工商业的发展、资本主义的萌芽和启蒙实学思潮的兴起，"重道轻器"的观点逐渐被人否定，重视生产技术的思想开始出现。

泰州学派的王艮（1483—1541 年）、罗汝芳（1515—1588 年）、李贽（1527—1602 年）等人提出"百姓日用即道""穿衣吃饭，即是人伦物理"的

①陆月宏.江苏文库从良知日用到经世致用［M］.南京：江苏人民出版社，2023：64.
②徐少锦，温克勤主编.伦理百科辞典［M］.北京：中国广播电视出版社，1999：841.
③彭健编著.中华传统美德的守望与接力［M］.北京：新华出版社，2022：117.

观点。他们认为道（真理、良知）在平民的生产、生活中，而不是在圣人之中。

明末清初的王夫子（1619—1692 年）也反对"重道轻器""道先器后"的观点，他提出了"器先道后""道器一体""道器相济"的观点。他认为，器物是先在的，且是具有实体作用的。

王夫子的观点和泰州学派王艮、罗汝芳、李贽等人的"百姓日用即道""穿衣吃饭，即是人伦物理"的观点彼此呼应，共同推动了中晚明工商业的大发展和资本主义的萌芽。

第二节 百姓日用即道

"百姓日用"这个概念最早出现于《周易·系辞传上》："一阴一阳之谓道，继之者善也，成之者性也。仁者见之谓之仁，知者见之谓之知，百姓日用不知，故君子之道鲜矣。"① 意即：一阴一阳相互作用，是宇宙一切事物发展变化的根本，这就是规律。继续阴阳的规律而产生宇宙一切事物的就是善良，成就一切事物的就是天命的属性。仁德者看到此属性和规律，就认为是智慧。百姓日常受用，并遵循此属性和规律而各遂其生，但不明白它们。所以，圣贤君子的理论能涵盖宇宙，是万物的根源，而理解它们者却很少。② 《周易》认为，"道"是在不断发展变化的，是由圣贤君子阐释的，也是神圣的，它们是普通平民百姓所无法理解的，也是无法大众化的。程朱理学更是把圣贤和普通平民百姓分为两类人。

泰州学派王艮、罗汝芳、李贽等人所谓的"百姓日用"，即是平民百姓日常生产、生活中所使用的各种资料、器物及生产它们的劳动实践。

泰州学派的鼻祖王艮把圣人之道和平民生活联系起来了，他认为："圣人

---

① 刘君祖. 易经密码全译全解：第 9 辑 ［M］. 北京：团结出版社，2023：277.

② 南怀瑾. 易经系传别讲 ［M］. 上海：复旦大学出版社，2016：74.

之道，无异于百姓日用，凡有异者，皆是异端，……百姓日用条理处，即是圣人之条理处。"[1]

作为平民儒家学者的王艮认为，真理（良知）存在平民百姓的日常生产、生活中，所以，探讨真理的途径应该是平民百姓的日常生产实践和生活实践。有益于平民百姓日常生产、生活的思想理论才是真理，否则，就是歪理邪说、谬论和异端。换言之，平民百姓的日常生产、生活实践是检验真理的唯一标准。

王艮提出的"百姓日用即道"的观点，其理论精髓就是：要把实现好、维护好、发展好最广大平民百姓的根本利益，作为一切治国理政措施的出发点和落脚点。统治者要实施仁政，要顺从民意来组织生产和分配，维护和满足最广大平民百姓的生产需要、生活需要。"百姓日用即道"是对民本主义的彰显、传承，具有重要的理论意义和现实意义。

"百姓日用即道"观，深刻影响了其继承者对于自然人性和人正常生理欲望的肯定，也影响了王夫之的"器先道后""道器一体""道器相济"的观点。

作为上层建筑的思想观点，是由一定的经济基础、生产实践决定的，是在一定的阶级斗争中形成的；反过来，它们又会影响着经济基础、生产实践、阶级斗争。"百姓日用即道"也遵循这个规律，在一定的生产实践、阶级斗争中产生，并反作用于生产实践、阶级斗争。

第三节　"中"与"至善"的成器之道

王艮认为，生活之道是"中"与"至善"；成器之道是"遵法度、尽其能"，即农民、工匠们在生产日常生产、生活用品的时候，要通过"遵守法度"让器物具有恰到好处的"中"，要通过"尽其能"让器物具有最优秀的质量（至善）。

王艮认为，圣贤和百姓的区别之一就是，圣贤先知先觉，在践行"道"的时候，也理解相关理论，而平民百姓在践行"道"的时候并不理解相关的理

---

[1] 王艮.王心斋全集·语录［M］.南京：江苏教育出版社，2001：10.

论，即日用而不自觉。"道"并非存在于高大上的神坛之上，而是存在于平民百姓的日常生产、生活之中。

百姓生活之道的特点是："中"与"至善"。所谓"中"，就是自然、顺当、中正、平和、圆满，恰到好处，合乎中庸之道；所谓"至善"，就是质量最优秀（至善）。换言之，百姓生活之道就是恰到好处、具有最优秀的质量。

农民、工匠的成器之道是"遵法度"与"尽其能"。正如上文所述，即农民、工匠们在造物的时候，要通过"遵守法度"让器物具有恰到好处的"中"，要通过"尽其能"让器物具有最优秀的质量——至善。

宋应星认为，任何技术系统均包括三个方面：一是"法"，即技术法度、技术法则、基本操作要点。二是"巧"，即工匠的工巧、技能、经验、诀窍。三是"器"，即工具和相关设备。他关于技术系统"法""巧""器"的思想，蕴藏着技术哲学、技术经济学、技术伦理学的真理内核。

就通过"遵法度"让所造之物具有"中"的品质而言，《天工开物》中在载述苎麻绩线、烧制砖瓦与陶瓷、铸造器皿、舟车的制造的时候，都有详细的文字。

宋应星在介绍苎麻绩线的技术法则时说："凡苎皮剥取后，喜日燥干，见水即烂。破析时则以水浸之，然只耐二十刻，久而不析则亦烂。"[①] 他的意思是说：苎麻在水中只可以浸泡 20 刻（5 小时），如果浸泡时间超过了 5 个小时，苎麻便会腐烂掉。

宋应星在介绍控制烧制砖瓦火候的技术法则时说："凡火候少一两则釉色不光，少三两则名嫩火砖。本色杂现，他日经霜冒雪，则立成解散，仍还土质。火候多一两则砖面有裂纹，多三两则砖形缩小拆裂，屈曲不伸，击之如碎铁然，不适于用。"[②]

---

①宋应星；夏剑钦译注．利工养农《天工开物》白话图解［M］．长沙：岳麓书社，2016：48.
②宋应星；夏剑钦译注．利工养农《天工开物》白话图解［M］．长沙：岳麓书社，2016：121.

其实，烧制陶瓷产品的火候控制和烧制砖瓦一样重要，烧制砖瓦时，用大窑火还是用小窑火，由大师傅监控；陶瓷的烧制也有专门的把桩师傅监控，从装窑到开窑，整个烧制陶瓷的过程中，尤其是窑中火候大小的控制，均要遵守一定的技术法则，这些技术法则均十分精细准确。所谓"凡匣钵装器入窑，然后举火。其窑上空十二圆眼，名曰天窗。火以十二时辰为足。先发门火十个时，火力从下攻上，然后天窗掷柴烧两时，火力从上透下。器在火中其软如棉絮，以铁叉取一以验火候之足。辨认真足，然后绝薪止火。共计一坯工力，过手七十二方克成器，其中微细节目尚不能尽也。"[1]（见图6-1）。

图6-1 瓶窑连接缸窑

①宋应星；夏剑钦译注．利工养农《天工开物》白话图解［M］．长沙：岳麓书社，2016：126．

　　宋应星在介绍铸造器皿的技术法则时，对两种铸造法，即失蜡铸造法、泥范法的制范、翻范的每个工艺流程，均规定了精细准确的技术法则，这些法则是必须遵循的。例如，他在介绍冶铸钟、鼎的时候说："凡造万钧钟与铸鼎法同，掘坑深丈几尺，燥筑其中如房舍，埏泥作模骨。用石灰、三和土筑，不使有丝毫隙拆。干燥之后以牛油、黄蜡附其上数寸。油蜡分两：油居十八，蜡居十二。其上高蔽抵晴雨（夏月不可为，油不冻结）。油蜡墁定，然后雕镂书文、物象，丝发成就。然后春筛绝细土与炭末为泥，涂墁以渐而加厚至数寸，使其内外透体干坚，外施火力炙化其中油蜡，从口上孔隙熔流净尽，则其中空处即钟鼎托体之区也。凡油蜡一斤虚位，填铜十斤。塑油时尽油十斤，则备铜百斤以俟之。中既空净，则议熔铜。凡火铜至万钧，非手足所能驱使。四面筑炉，四面泥作槽道，其道上口承接炉中，下口斜低以就钟鼎入铜孔，槽旁一齐红炭炽围。洪炉熔化时，决开槽梗（先泥土为梗塞住），一齐如水横流，从槽道中视注而下，钟鼎成矣。凡万钧铁钟与炉、釜，其法皆同，而塑法则由人省啬也。若千斤以内者则不须如此劳费，但多捏十数锅炉。炉形如箕，铁条作骨，附泥做就。其下先以铁片圈筒直透作两孔，以受杠穿。其炉垫于土墩之上，各炉一齐鼓鞴熔化。化后以两杠穿炉下，轻者两人，重者数人抬起，倾注模底孔中。甲炉既倾，乙炉疾继之，丙炉又疾继之，其中自然粘（黏）合。若相承迁缓，则先入之质欲冻，后者不粘，衅所由生也。"①（见图6-2至图6-5）。

___

　　①宋应星；夏剑钦译注. 利工养农《天工开物》白话图解［M］. 长沙：岳麓书社，2016：137—138.

图 6-2　铸鼎与朝钟同法

图 6-3　塑钟模图

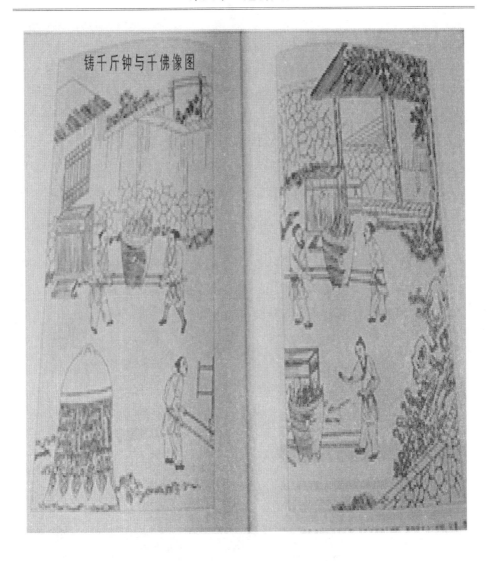

图 6-4　铸千斤钟与千佛像图

图 6-5　铸釜图

　　宋应星在介绍制造不同舟车的技术法则后，也认为工匠们要严格遵循它们。如此，才能让舟车达到恰到好处——"中"的效果。

就工匠们通过"尽其能"让器物具有最优秀的质量（至善）而言，宋应星在《天工开物·杀青》中提到造纸工匠必须拥有一定的技能、经验、诀窍和手感，才能生产出质量优秀的纸。他说："两手持帘入水，荡起竹麻入于帘内。厚薄由人手法，轻荡则薄，重荡则厚。竹料浮帘之顷，水从四际淋下槽内。然后覆帘，落纸于板上，叠积千万张。数满则上以板压。俏绳入棍，如榨酒法，使水气净尽流干。然后以轻细铜镊逐张揭起焙干。凡焙纸先以土砖砌成夹巷，下以砖盖巷地面，数块以往，即空一砖。火薪从头穴烧发，火气从砖隙透巷外。砖尽热，湿纸逐张贴上焙干，揭起成帙。"①

上文提到的抄纸、落纸、榨纸、贴纸、焙纸、揭纸等工艺流程，均需要纸匠具有一定的技能、经验、诀窍和手感，这些技能、经验、诀窍和手感，犹如古代车匠——轮扁在制作车轮时的技能一样，无法用语言表达出来，只能存在心手之间，心里想到这些技能的同时，手便条件反射般地操作出来，如此，最终成功地制造出质量上乘的车轮。

第四节 以效用利民为本

宋应星创作《天工开物》的出发点、落脚点便是：求效用以利民生。该书的结构、内容均体现了此宗旨。

一、《天工开物》的结构体现了以效用利民为本的特点

《天工开物》的造物理论体系可归纳为：一个目标；两大系统；五大技术领域。②

---

① 宋应星；夏剑钦译注．利工养农《天工开物》白话图解［M］．长沙：岳麓书社，2016：199—200．

② 邹其昌．《天工开物》设计理论体系的当代建构［J］．创意与设计，2015（3）：33—44.

（一）一个目标

一个目标为：致效用，利民生，即专注于创造、生产出生活、生产资料，让其具有功效、实用价值，从而为人民的生产、生活带来利益。

（二）两大系统

两大系统为：一是文字系统，《天工开物》共有 57151 个字。二是工程图系统，《天工开物》共有 123 幅白描工程技术图。

（三）五大技术领域

其一，关于"吃"的技术。合计 6 章："乃粒""粹精""作咸""甘嗜""膏液""曲蘖"。"乃粒""粹精"是载述粮食的生产和加工技术。"作咸"是载述食盐的生产和加工技术。"甘嗜"是载述蔗糖、饴糖、蜂蜜等食糖的生产技术。"膏液"是载述油脂的生产技术——主要是食用油的生产技术。"曲蘖"是载述酒的生产技术，因为中国是礼仪之邦，祭祀、宴席等礼乐制度中必须要用到酒。

其二，关于"穿"的技术。合计 2 章："乃服""彰施"。"乃服"是载述各种布匹的生产技术，"彰施"是介绍布匹的印染技术。

其三，关于"住"的技术。合计 1 章："陶埏"。"陶埏"载述了重要的建筑材料——砖头、瓦片的生产技术。

其四，关于"行"的技术。合计 1 章："舟车"。"舟车"载述了各种舟船、车辆的生产技术。

其五，关于"用"的技术。合计 8 章："五金""燔石""冶铸""锤锻""佳兵""杀青""丹青""珠玉"。"五金"载述了金、银、铜、铁、锡、铅等金属的生产技术。"燔石"载述了石灰、硫黄等非金属的生产技术。"冶铸"载述了铁锅、鼎等器皿的生产技术。"锤锻"介绍各种铁制工具的生产技术。"杀青"载述了纸张的生产技术。"丹青"载述了墨、绘画颜料等文化用品的生产技术。"佳兵"载述了各种武器的生产技术，因为晚明已经是乱世，人民要制造武器保护生命财产的安全。"珠玉"载述妇女所用的贵重首饰等，老百姓学会这个技术可以增加就业岗位以解决生存问题（见图6－6）。

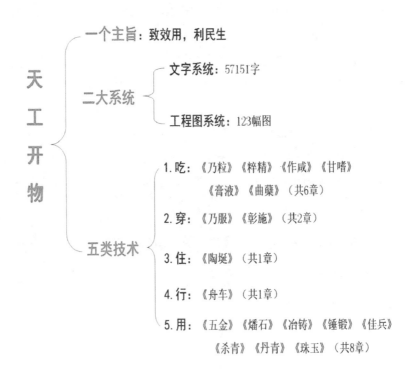

图6-6　《天工开物》思维导图

二、《天工开物》的内容体现了以效用利民为本的特点

宋应星认为，农民、工匠之所以造物，那是为了致用，即生产出这些具有使用价值的生产、生活资料，为人们的生产、生活提供一定的便利。

（一）从具体内容来看，《天工开物》体现了以效用利民为本的特点

《天工开物·舟车》中载述了各种水力器械的制作工艺，他之所以载述简

车、牛车、踏车（龙骨车）、拔车、桔槔等器械，那是因为它们具有灌溉、排涝、运水的功能和效用。

《天工开物·乃粒》中载述了精巧的风车、粗笨的石臼、锋利的锄头等粮食加工工具和农具，那是因为，精巧的风车可以用来加工粮食，粗笨的石臼可以用来舂米，锋利的锄头可以用来垦田、锄草。

《天工开物·乃服》中载述了布衣、枲著、夏服、裘、褐、毡等，因为这些物品，冬天可以用来御寒，夏天可以用来遮体，即可以解决百姓穿衣的问题。

《天工开物·陶埏》中载述了制造房屋的砖瓦、石灰的生产工艺，那是因为砖瓦、石灰可以用来建造房屋，让人民躲避风雨的侵袭，安居乐业。

《天工开物·舟车》中载述了各种舟、车的生产工艺，那是因为舟、车可以解决人民出行和运输物资的问题，所谓（造舟车）"梯航万国，能使帝京元气充然。"①

（二）从内容的详略来看，《天工开物》体现了以效用利民为本的特点

关于"吃"的技术共有 6 章，占全书 18 章的三分之一。这 6 章是："乃粒""粹精""作咸""甘嗜""膏液""曲蘖"。

关于"穿"的技术共有 2 章，即"乃服""彰施"。

关于"住"的技术共有 1 章，即"陶埏"。

关于"行"的技术共有 1 章，即"舟车"。

关于"用"的技术共有 8 章，约占全书 18 章的二分之一。这 8 章是："五金""燔石""冶铸""锤锻""佳兵""杀青""丹青""珠玉"。

此外，宋应星《佳兵》中介绍武器制造技术，也是出于效用利民的目的，他生活的时代，外有满洲贵族军事集团的大规模入侵，内则土匪蜂起，民变频繁，人民需要武器保护生命财产的安全。

---

① 迟双明．天工开物全鉴［M］．北京：中国纺织出版社，2020：160.

第七章　爱国情怀

祖国不是一个抽象的概念，而是由四个要素组成的具象，这四个要素分别是：国土——作为自然因素的山河；国民——作为社会因素的同胞与人民；国根——作为精神因素的文化；国家——作为政治因素的政治机构。所以，爱祖国就要爱祖国的山河、祖国的人民、祖国的文化和国家。宋应星对大明帝国的山河、人民、文化和国家都有着浓厚的感情。

第一节　爱祖国山河

一个民族要生存，首先要有一个特定的地理空间，所谓"一方水土养一方人"，对于生于斯长于斯的每一个中国人而言，祖国的山河具有令人难以忘怀和难以割舍的魅力和血脉关联，无论走到何处，均会念念不忘。所以，爱祖国首先是从爱富饶、美丽的山河开始的。实际上，人们也总是从爱故乡的山水草木开始，随着年纪的增长，活动范围的扩大，阅历的增加，逐步对富饶、秀美的祖国山河产生热爱、依恋之情，并以各种方式体现出来。

宋应星在《天工开物·序》中说："幸生圣明极盛之世，滇南车马，纵贯辽阳；岭徼宦商，衡游蓟北。为方万里中，何事何物，不可见见闻闻。"①

宋应星曾经六次到北京参加科举考试，来回途经今江西、安徽、江苏、河南、山东、天津、北京、河北、湖北、湖南等地。舟车在途中会停顿卸货、待客，宋应星便会抓住这个时间段到各地考察各地的物产及其生产工艺。一次，他乘坐的船到了安徽芜湖，停泊卸货要好几天。宋应星获悉此地印染业很出名，

———————

① 宋应星；夏剑钦校注 . 利工养农《天工开物》白话图解［M］. 长沙：岳麓书社，2016：1.

便到染坊进行实地调查，学到了许多新技术，看到了大量质量上乘的毛蓝布。

到北京参加会试期间，宋应星考察了北京琉璃瓦、砖头的生产技术。会试完毕之后，他还到过今东北、内蒙古、陕西、甘肃、宁夏等地进行考察。他在《天工开物·乃服·裘》中详细载述了东北的貂皮、河北的狐皮、蒙古草原的羊皮、陕西的麂皮、宁夏的獭皮。

宋应升在浙江桐乡担任过县令，所以宋应星到过嘉善府桐乡县及其周边考察过丝织业、棉纺织业。后来宋应升去了广东恩平、高州、广州任职，宋应星到这里考察过蔗糖业、铸造业、南珠业。其私塾老师邓良知到过今闽南一带任职，宋应星到过这里考察过竹纸、蓝靛、海盐、水晶的生产。他到过亲友涂伯聚任职的河南考察兵器制造，四川考察井盐生产，广西考察金、银、铜、锡的冶炼。

他甚至远赴新疆和田考察过和田玉的生产工艺。

宋应星通过载述祖国富饶的物产、先进的技术和繁荣的经济，提升了华夏民族的民族自尊心、自豪感和凝聚力，让大明帝国官民认为自己的国家是先进而文明的，是这片土地真正的主人，反叛的北虏则是落后而野蛮的跳梁小丑。随着《天工开物》的传播，让大明帝国上下明白了一个道理——祖国是富饶的、秀美的，是值得保护的，一旦祖国被北虏侵占，所有富饶的物产、秀美的山河均会被洗劫一空。

第二节　爱中华同胞

中华优秀传统文化的精髓之一便是重民本。《尚书》云："民为邦本，本固邦宁。"[1] 荀子认为要爱民、利民，统治者和人民之间的关系是舟和水的关系，水可以载舟也可以覆舟。墨家推崇"节用"的理念，墨翟认为，生产和生活资料要满足人民的需要，需求大于供给就要加大生产力度，如果供给大于需求就要缩减生产，供给侧和需求侧要平衡，所谓"凡足以奉给民用，则止。"[2] 杂

---

①中共中央党校中华文明与中国道路研究项目组．中华文明的智慧结晶 [M]．北京：研究出版社，2023：29．

②杨宽．战国史 [M]．上海：上海人民出版社，2003：507．

家吕不韦也认为要"以民为务"。明代泰州学派代表王艮提倡"百姓日用即道"的民本思想，即统治者治国理政的出发点、落脚点要以满足百姓的日常生活、生产的需要出发，要实现好、维护好和发展好最广大百姓的根本利益。

孟子的爱民主张更具有逻辑力量和可操作性。孟子说："民为贵，社稷次之，君为轻。"[1] 孟子认为，要实行仁政就要为人民提供日常生产、生活必需的财富、资料，即要"制民恒产"。他的逻辑是：要实行仁政，民心就必须是向善的，民心要向善则人民就必须要有一定的物质财富（民产），人民要有一定的物质财富就必须发展民生，要发展民生就要重视关系到人民根本利益的事情（民事），而民事是统治人民（治民）的关键。

宋应星认同上述先贤——尤其是孟子的观点，他的《天工开物》内容体现了他发展民生、增加民产的爱民理念。有道是：民以食为天，民以衣为地。《天工开物》共有57151字，其中，33％的文字是载述"吃"的技术，即"乃粒""粹精""作咸""甘嗜""膏液""曲蘗"这6章，14％的内容是关于"穿"的技术，即"乃服""彰施"这2章，换言之，将近一半——47％的内容，是介绍与人民"吃"和"穿"有关的技术。此外，介绍和人民"住"有关的技术章节"陶埏"；和人民"行"有关的内容是"舟车"；和人民"用"有关的内容是"燔石""冶铸""锤锻""杀青""五金""丹青""佳兵""珠玉"。换言之，18章的《天工开物》基本上全部是载述和下层劳动人民有关的吃、穿、住、行、用有关的技术。

宋应星同情劳动人民。晚明时期，劳动人民身上压着三座大山。第一座大山：苛捐杂税。第二座大山：高利贷。第三座大山：土地兼并。对此，他在《野议》中提出了若干改良对策，要为人民移除这三座大山。他反对皇家、权贵的奢侈淫靡，主张节约以减轻人民负担。他在《天工开物·陶埏》中认为，皇家宫殿所用的琉璃瓦不必从三千之外的太平府（今安徽省马鞍山市当涂县）运来黏土，可以在北京周边比较近的地方挖掘陶土。所谓"其土必取于太平府

---

①李超贵. 可爱的中国（中国历代通俗演义：上）[M]. 北京：中国市场出版社，2022：167.

(舟运三千里方达京师，参沙之伪，雇役掳舡之扰，害不可极。即承天皇陵亦取于此，无人议正) 造成。”①

宋应星尊重劳动人民。他反对传统儒家把农业、手工业、矿冶业的生产技术视为“奇器淫巧”(新奇的技术和产品)，也反对传统儒家把农民、百工看成是“下愚小人”(无德无才的低贱之人)，他认为农民、工匠是“神农匠”。他对那些把“赭衣视笠蓑”的纨绔子弟和“以农夫为诟詈”的经生之家表示愤慨和不满，指责他们“知其味而忘其源”。所谓“纨绔之子，以赭衣视笠蓑；经生之家，以农夫为诟詈。晨炊晚饷，知其味而忘其源者众矣！夫先农而系之以神，岂人力之所为哉!”② 他通过到全国各地进行田野调查，不耻下问，总结农民、工匠的生产技术和经验，编纂成不朽名篇《天工开物》，宣传劳工们的勤劳、智慧和贡献，均体现了他对劳动人民的尊重。

第三节　爱祖国文化

宋应星热爱中华优秀传统文化。他对先秦的《周易》《考工记》和诸子百家进行了深入的研究；对秦汉至南宋的董仲舒、刘安、沈括等人进行了研究；对元代至晚明的一些学者也进行了研究。他通过学习文献资料和田野调查，再加上自己的创新，撰写了许多自然科学、人文社会科学的著作。

一、宋应星对前人的研究

(一) 对先秦学者的研究

宋应星认同姬昌在《周易》中所阐述的整体性的观点、和谐的观点和最优性的观点。所以，宋应星在《天工开物》中认为，人类要积极主动地去掌握自

①宋应星；夏剑钦译注．利工养农《天工开物》白话图解［M］．长沙：岳麓书社，2016：120.

②宋应星；夏剑钦译注．利工养农《天工开物》白话图解［M］．长沙：岳麓书社，2016：3.

然规律，为我所用，发挥主观能动性，遵循、运用规律，和谐地、最优化地创造物质财富。所谓"天覆地载，物数号万，而事亦因之，曲成而不遗，岂人力也哉？"①

宋应星认同齐国学者撰写的《周礼·冬官·考工记》提出的"天有时，地有气，材有美，工有巧，合此四者，然后可以为良……三者既具，巧者和之"的观点。② 宋应星认为要创造出物质财富，就要结合"天、地、材、人"四个要素，形成一个工农业生产系统。

老子推崇"道法自然"和"有之以为利，无之以为用。"③ 第一，"道法自然"。老子说的"道"是指宇宙中一切事物的属性；"自然"指宇宙中一切事物的存在方式和状态。所谓"道法自然"，就是宇宙中的万物均必须遵从自然规律，道是按规律、自然无为地运行的。道家认为宇宙中存在许多自然规律，自然界中的万物必须遵从它们，自然无为，才可以彼此和谐相处，避免自相残害，形成统一而和谐的宇宙。宋应星认为，人类在创造物质财富的时候，也必须遵从宇宙中的规律，科学、绿色、和谐地发展经济。第二，"有之以为利，无之以为用"。所谓"有之以为利，无之以为用"，"实体的有"给人带来利益和价值，有用处，"空白的无"也有其用处，也会给人带来利益和价值。④ 例如，房子的墙壁、屋顶是实体的"实体的有"，它们具有遮风挡雨的作用，而房间内的空间、窗户、门是房子的"空白的无"，也有其价值和用处，因为房子内的空间可以容纳人定居、生活和放置物体，窗户、门可以采光通风和让人物进出。

宋应星也认为，人类在进行经济活动、生产创造的时候，也要打破常规思维，把"实体的有（确定性）"和"空白的无（不确定性）"结合起来，在经

---

①宋应星；夏剑钦译注 . 利工养农《天工开物》白话图解 ［M］. 长沙：岳麓书社，2016：1.

②孙治国 . 古籍保护与修复技术研究 ［M］. 长春：吉林大学出版社，2021：72.

③灵泉黎老 . 老子尹喜帛书道德经解注 ［M］. 北京：经济日报出版社，2022：36.

④王家春 . 画说道德经 ［M］. 北京：人民美术出版社，2020：30.

济活动的大系统中，任何生产要素都有其作用。

孟子推崇"制民以恒产"和"正己而物正"。第一，"制民以恒产"，所谓"制民以恒产"就是统治者要帮助民众创制一定财产（民产），让他们能过上富裕体面的生活，老百姓有一定的家产才能善心善行，服从统治者的命令。第二，"正己而物正"。所谓"正己而物正"，就是说如果人能先心存正念、克制私欲、按规律办事，那么万物也就能可持续发展了。

宋应星也认为，人们在开发自然资源的时候，不可竭泽而渔、杀鸡取卵，而应当克制无底洞般的贪婪私欲，有节制地获取自然资源，走可持续发展之路。

墨子推崇"凡足以奉给民用，则止"。所谓"凡足以奉给民用，则止"就是统治者在组织生产的时候要节俭，生产出来的产品能满足民众的需要就可以了，不要过多的装饰，供给和需求之间要平衡，不能过度地消耗自然资源，不能出现生产过剩和不必要的资源浪费。墨家的"节用"思想的基本内涵就是：产品要低成本，要能满足人们的衣、食、住、行、用的需要，不要奢侈浪费。宋应星撰写《天工开物》就是为了经世致用、济世利民、利工养农、有益于民生，即通过发展工农业生产来创造更多的物质财富，给人民带来实惠和利益，并过上幸福的生活。

宋应星认为，要以用为本，生产出来的产品要简朴、实用，华丽花哨的装饰可删除，以节约成本，以减少对自然资源的浪费。

荀子推崇"明于天人之分"与"制天命而用之"。第一，"明于天人之分"。所谓"明于天人之分"就是要明白自然界和人类社会各自的职责、功能与规律。自然界的存在、发展、变化是由其自身的力量作用的结果，而且其存在、发展、变化存在一定的规律，是不以人的意志而发生改变的，所谓"天行有常，不为尧存，不为桀亡。"① 人要通晓自然界的规律，通过自己的主观能动

---

①毛高田. 国人读本修身·治家·从政·处世传统文化精粹类编［M］. 北京：中国社会出版社，2000：30.

性去解决各种问题。第二，"制天命而用之"。所谓"制天命而用之"，就是人在认识、遵循自然界客观规律的前提下，充分发挥主观能动性，利用这些规律进行实践，让自然界为人类的生存和发展服务。

宋应星认为：第一，人类要尊重客观自然规律，因为"天人合一"；第二，人要发挥主观能动性，发挥人类的主观力量，让自然资源得到充分、合理、节俭的使用，以造福于民。

管子推崇"农工商并重"和"禁发必有时"。第一，"农工商并重"。所谓"农工商并重"，就是农业、手工业、商业在国民经济中处于同等的位置，必须共同发展，不可重农而抑工商业。第二，"禁发必有时"。所谓"禁发必有时"，就是自然界万物的生长有其客观规律，春夏生长、繁殖，秋天则可收获，人类必须按照季节的变化来封禁、开发山林湖泽。所谓"山林虽广，草木虽美，宫室必有度，禁发必有时。"①

宋应星在《天工开物》中提倡农工商并重，也主张在开发自然资源之时，要遵循季节的变化。

吕不韦在《吕氏春秋》中推崇"先务于农"。所谓"先务于农"就是重农主义，即治国理政的第一重要的工作便是发展农业，因为发达的农业可以让人民衣食无忧、安居乐业、民风淳朴，让国家有充足的粮食、税收、兵源，从而达到国家政权安全和君主尊荣的目的。农民是农业的主体，是农业的第一要素，处于主导地位。所以，国家要保护农民，维护农民的利益，提高农民的生产积极性。

宋应星也重视农业，《天工开物》中47％的文字都是在载述吃、穿的技术，其余许多文字也和农业有着间接的关系。他编纂此书的原则就是"贵五谷而贱金玉"，把农业技术放在全书的上册。宋应星认为，要充分发挥农民的勤劳、技法、技能，要充分利用自然资源和顺应客观规律，人力和自然力相结

①李新泰．齐文化大观［M］．北京：中共中央党校出版社，2007：268．

合，人工和天工互相加持，创造出更多的农产品。

（二）对秦汉至南宋的相关学者的研究

董仲舒在《春秋繁露》中推崇"适中而已"和"天人一也"。所谓"适中而已"就是凡事必须适度、适当，不可太过；所谓"天人一也"就是人类要顺应、遵从自然界的规律，以求生存和发展。

宋应星也认为，在开发物产的时候，人力和自然力应和谐地结合起来，而且要适度、适当，不能太过和走极端。

作为道家的刘安在《淮南子》中推崇"各用之于其所适，施之于其所宜"。所谓"各用之于其所适，施之于其所宜"，就是人们在进行实践的时候，要按客观规律办事，利用万物的特性和规律来达成自己的目的，不可违背事物的特性和规律，否则天下会大乱。

刘安说："故愚者有所修，智者有所不足。柱不可以摘齿，筐不可以持屋，马不可以服重，牛不可以追速，铅不可以为刀，铜不可以为弩，铁不可以为舟，木不可以为釜，各用之于其所适，施之于其所宜，即万物一齐，而无由相过。夫明镜便于照形，其于以函食不如箪；牺牛粹毛，宜于庙牲，其于以致雨，不若黑蜧。由此观之，物无贵贱，因其所贵而贵之，物无不贵也；因其所贱而贱之，物无不贱也。夫玉璞不厌厚，角　不厌薄，漆不厌黑，粉不厌白，此四者相反也。所急则均，其用一也。今之裘与蓑孰急？见雨则裘不用，升堂则蓑不御。此代为常者也。譬若舟、车、楯、肆、穷庐，故有所宜也。故《老子》曰：'不上贤'者。言不致鱼于木、沉鸟于渊。"[1]

宋应星在《天工开物》中也认为，开发物产必须因地因时制宜，要分析自然资源的属性后利用之。

---

①张文治编；陈恕重校. 国学治要：第 3 册 ［M］. 北京：中国书店出版社，2012：166.

沈括在《梦溪笔谈》中推崇"深究其理"。所谓"深究其理"，就是深刻地探讨事物的本质与原理及其产生的原因。沈括十分重视通过田野调查、实证研究来获得新颖独到的见解。例如，他在延州通过调查石油资源，第一次提出了"石油"这个名词，并用它燃烧的灰烬制造了墨。他见微知著、一针见血地得出科学预测："此物后必大行于世，自予始为之。石油至多，生于地中无穷。"①

受沈括的影响，宋应星也重视通过田野调查、实证研究来探讨事物的本质及其产生的原因。例如，他到赣南山区购买狼粪，探讨狼烟昼黑夜红的原因。他做各种油料作物出油率的实验，对各种油料作物的出油率进行了定量分析。他对筒车、踏车的灌溉效益进行了实证研究，并进行了定量分析。他对江南、江北的小麦花盛开时间的不同等问题，均进行了仔细的调查。

郑樵在《通志》中推崇"观物取象、立象尽意和制器尚象"。此思想其实来源于《周易·系辞上》，不过郑樵对其进行了发扬光大。所谓"观物取象、立象尽意和制器尚象"，就是通过观察自然界万物的形象、属性的"象"，并用图片、文字来表达出它们，并最终根据它们制造各种器物。

宋应星受郑樵的启发，在撰写《天工开物》的时候，除了用 57151 个字表达，还配了 123 幅图片，图文并茂地介绍各种工农业生产技术。

（三）对元代至晚明的一些学者

王祯的《农书》中出现了轮轴、技术图并涉及工业。王祯对农业器械中轮轴的兴趣很浓厚，他在《农器图谱》中收集了 57 种和轮轴有关的农业器械，如踏车、筒车、牛转翻车、水转翻车、水磨、水排、水碾、水砻等。

宋应星的《天工开物》借鉴了《农书》中的许多插图，并对其进行改良和完善。

---

① 刘毅等编著. 能源的变迁与放射性技术［M］. 济南：山东科学技术出版社，2022：34.

中国古代第一本有技术图的农书估计是宋代的《耕织图》，但可惜已经失传了，所以王祯的《农书》成为我国第一本带有工程技术插图的农书。在它之后，《三才图绘》《农政全书》《古今图书集成》《授时通考》《天工开物》，开始图文并茂地阐述内容。

王祯第一次在《农书》中涉及一门手工业——印刷术，从而让该书成为一本专门的技术书，而非单独的农书。在王祯之前，农书、百工书均是分门别类的，没有人把农业、手工业、矿冶综合起来编成一本书，对矿冶业这种大工种的重工业技术也基本没人研究。

宋应星向王祯学习，综合性地把农业、手工业、矿冶业等技术有条理地编成一本书——《天工开物》。

王徵的《诸器图说》《新制诸器图说》《远西奇器图说录最（奇器图说）》对宋应星也产生了一定的影响。有"北方徐光启"之称的实学家王徵有以下观点。一是主张救世利民。王徵既是儒家弟子又是天主教徒，所以他既有儒家心系苍生、拯救世人的社会责任感，又有基督徒的仁爱之心。王徵经常看到官府因为缺少科学的统筹规划而劳民伤财，便深感痛心。他希望能通过制造出高效率的器械利国利民，减轻百姓的劳力，解放和发展生产力。为了抵抗敌人，他发明或改进了连弩、括机、自行车、自飞炮等。二是主张制造精巧的、节省便利的器械以解决实际问题。他推崇西方精巧的器械，认为"其器多用小力转大重，或使升高，或令远行。或资修筑，或运刍饷，或便泄注，或上下舫舶，或预防灾，或潜卸物害，或自舂自解，或生响生风。诸奇妙器，无不备具。有用人力物力者，有用风力水力者，有用转盘，有用关捩，有用空虚，有即用重为力者。种种妙用，令人心花开爽。"①《四库全书》把王徵和瑞典传教士邓玉函编译的《远西奇器图说录最（奇器图说）》和王徵独著的《诸器图说》全部收

①武斌 . 中国接受海外文化史第 4 卷：大航海与西学东渐［M］. 广州：广东人民出版社，2022：268.

录在《四库全书·子部·谱录类·器物属》中，其内容提要说："……且书中所载，皆补益民生之具，其法至便，而其用至溥，录而存之，固未尝不可备一家之学也。"① 三是主张推陈出新、制以时变、合宜实用。王徵提倡制造器械的技术要顺时守中、与时俱进、更新换代，学习西方的科技和机械制造工艺。只要能解决实际问题，只要有益于民生，便都可以拿来为我所用。所谓"学原不问精粗，总期有济于世人；亦不问中西，总期不违于天。"②

受王徵思想的影响，宋应星的《天工开物》也体现了致实用、利民生的思想，也载述了许多精巧的工农业生产器械，也主张顺时守中、与时俱进地发展工农业生产技术。天启七年（1627 年），《新制诸器图说》正式成书并刊印了。过了十年，在崇祯十年（1637 年），《天工开物》正式成书并被刊印了。

二、宋应星的主要作品

（一）自然科学方面的贡献

在科技方面，他于崇祯十年农历四月写成了《天工开物》，该书主要记录古代农业、手工业、矿冶业生产技艺等。

崇祯十年农历七月，他写成了天文学著作——《谈天》一书。

（二）人文社科科学方面的贡献

属于人文艺术方面的有《画音归正》《乐律》。《画音归正》成书于崇祯九年（1636 年），《乐律》成书于崇祯十年（1637 年）。

属于社会调查及政论思想方面的有《原耗》和《野议》。《原耗》主要是反映晚明政策及农业、手工业的生产状况，成书于崇祯九年至十年（1636—1637

①邱春林. 会通中西晚明实学家王徵的设计与思想［M］. 重庆：重庆大学出版社，2007：18.

②赵爱梅，王亚飞，陈光主编. 工程力学［M］. 济南：山东大学出版社，2005：135.

年）；《野议》主要是揭露时弊、改革现状，并提出个人见解，成书于崇祯九年（1636 年）农历三月。

属于历史考证方面的有《春秋戎狄解》，该书考证女真族（今满族）属夷不属夏，为抗清复明斗争提供了意识形态依据。《春秋戎狄解》成书于崇祯十六年至十七年（1643—1644 年）。

属于纵论杂文方面的有《卮言十种》，该书成书于崇祯十年，含《论气》《谈天》共 10 篇。

属于文学方面的有《思怜诗》《美利笺》，《思怜诗》成书于崇祯九年至十一年（1636—1638 年），《美利笺》成书于崇祯十年。

属于纪实传记方面的有《宋应升传》，该书成书于清顺治十二年（1655 年）。

（三）在交叉学科方面的贡献

属于自然科学和哲学方面的有《观象》《论气》，《观象》成书于崇祯十年农历四月，后者成书于该年农历六月。

上述提到的、宋应星所创作的 8 本著作——《画音归正》《杂色文》《原耗》《乐律》《观象》《卮言十种》《美利笺》《春秋戎狄解》均已失传。从时间上看，以上除了《春秋戎狄解》《宋应升传》外，均是宋应星在分宜教谕任上撰写完成的。①

康熙五年（1666 年），宋应星的族侄宋士元在《长庚公传》中说："公少灵芒，眉宇逼人，数岁能韵语。及掺制艺，矫拔惊长老。幼与长兄元孔公（宋应升）同学，馆师限每晨读生文七篇，一日公起迟，而元孔公限文已熟背。馆师责公，公脱口成诵。馆师惊问，公跪告曰：'兄背文时，星适梦觉耳，听一过便熟矣。'师由此益奇公。夙慧稍长，即肆力十三经传，于关闽濂洛书，无

---

① 严小平，刘柳 . 浅谈宋应星人生成就与分宜的关系［Z］. 新余天工文化研究小组内部资料，2024.

不抉其精液脉络之所存，古文自周秦、汉唐及龙门、《左传》》《国语》，下至诸子百家，靡不淹贯，又能排宕渊邃以出之，盖公材大学博也。"①

宋士元提到的"十三经"指的是《尚书》《周易》《诗经》《周礼》《仪礼》《礼记》《左传》《公羊传》《穀梁传》《论语》《尔雅》《孝经》《孟子》这 13 部儒家经典。换言之，宋应星对中华优秀传统文化中的儒家、道家、法家、墨家、农家、阴阳家、名家、兵家、纵横家，均进行了深入的学习和研究，而且神通广晓，并在此基础上进行田野调查、深入思考，厚积而薄发，撰写了许多关于自然科学（农学、力学、机械学、化学、矿冶学等）、人文社会科学（哲学、政治学、经济学、文学、音乐学等）及其交叉学科的著作。其著作中的用典熟练而贴切，证明他能深入浅出地研究中华优秀传统文化，既能入于内又能出于外，也能推陈出新和古为今用。

第四节　爱当时之国

宋应星属于大明帝国基层官员，虽然政治、经济、社会地位不高，但他具有修齐治平、兴亡有责的爱国主义情怀。在他还是未入流的县学教谕的时候，便关心国家的前途和命运，以饱满的爱国热忱和坚定的社会责任感，用一个晚上的时间撰写了救国政论文——《野议》，因为他是学官，所以他对吏政、学政提出的建议最精辟。

崇祯九年三月二十一日，时任分宜县教谕的宋应星与知县曹国祺收到衙役送来的邸报，内有淮安武举陈启新的一篇内容空洞、隔靴搔痒的奏议——《论天下三大病根》。曹国祺鼓励宋应星写一篇针锋相对的政论文，宋应星用一个晚上写下一万多字的《野议》。

其中，他针对明末的教育问题发表了若干观点。他从破到立，首先分析了科举选官制度（吏政）和教育行政制度（学政）存在的弊端，然后针对这些弊

---

①潘吉星．宋应星评传［M］．南京：南京大学出版社，1990：103.

端，他提出了若干改良建议。他的这些思想，彰显了其远见卓识和社会责任感，至今仍然闪耀着真理和道义的光辉。

宋应星在《野议》中认为：腐朽的科举选官制度导致经世致用之才匮乏；腐败的教育行政已经动摇了政权的稳定。地方县学也存在许多问题：教学内容陈腐，贿赂生员泛滥成灾，考核制度形同虚设，教官不敢管理权贵子弟，大批儒生因为失去进身之阶而成为体制的对立面。

封建专制制度和土地私有制导致政治经济危机周期性地出现，它们在王朝末年日益严重。已经是衰乱之世的晚明，人心思治。宋应星出于拳拳爱国之心，主张自上而下地进行改良，他犹如一位"医生"，为大明帝国的科举选官制度与教育行政制度把脉问诊，查找出病症并进行归因，从而为当权者开出治病的药方。

其一，宋应星关于科举选官制度的改良主张。宋应星认为：明代实行了两百多年的、所谓抡才大典的科举选官制度，已经面临"势重则反，时久必更"的时候了。[①] 他针对科举选官制度存在的各种弊政，提出了若干条改良主张。

第一，科举选官不能仅以八股文作为录取标准，因为它无法考出应试者的实际才干。宋应星认为：应试者进入仕途之后，无论是充任文官还是充任武官，均必须具备解决现实问题的军政才能，八股文写得再花团锦簇也无价值。有些应试者之所以苦读儒家经典和掌握八股文的写法，言必称"仁义礼智信忠孝勇"等义理，其本质是为了谋求功名富贵，并非为了忠君爱国、心系天下。有些应试者虽然德才兼备，具有经世致用的才华，但因为不善于撰写八股文而无法进入仕途。

第二，官员的任免应公平公正与唯德才是举。官员的升迁、降职、调动和转岗，必须根据其"德能勤绩廉"来决定。官员的选拔、考核、委任应杜绝私相授受权力、卖官鬻爵、贿赂请托等腐败现象。"司铨法者，一破情面，大公

---

①宋应星．天工开物·青花典藏·珍藏版［M］．吉林：吉林出版集团有限责任公司，2010：245.

至正，挚签而授之。即暂受愤怨，而制科增光，实自此始矣。"①

第三，核试官员的效率必须提升。由于明末内忧外患，时局紧张，知县、知州、知府的空缺多达 300 多人，从朝廷吏部到各省巡抚、按察使，应提高铨选上述地方官的行政效率。被委任的知县、知州、知府等地方官，应迅速赴任，不应滞留北京，因为"残破地方待守令之至，如拯溺急焚。"②

其二，宋应星关于教育行政制度的改良主张。正如前文所述，宋应星曾经在江西省袁州府分宜县担任过四年之久（1634—1638 年）的正从八品教谕，所以他对教育行政（学政）存在的问题了解得比较清楚。他认为，明末的教育行政地位十分重要，是国之大计。因为国家的高层、中层和基层文武官员，从内阁首辅、尚书到地方的总督、巡抚、按察使、知府、知县、教谕、训导等，均是从各级官学中培养出来的。所谓"国家建官，大至于秉轴统钧、平章军国，小至于宰邑百里，司铎黉宫，皆从一途出，学政顾不重哉!"③ 然而，明末的教育行政也存在许多问题。针对这些问题，他提出了若干改良建议。

第一，要对生员进行智育、德育和劳育，而不能只教八股文。宋应星认为：教官对生员要进行儒家经典的教育，也要对他们进行思想道德教育，改良社会风气，让生员们具有忠君爱国、心系天下百姓、勤俭朴素的美德，还要对生员进行实业教育，让他们掌握一技之长，从而能在社会谋职谋生，而不能一味学习八股文。

第二，生员的录取和考核必须从严。为了抵制不学无术之徒混入官学获取功名，滥竽充数，劣币驱除良币，宋应星认为：各地方的学政、知府、知州、知县必须公正无私、铁面无情，他们和教官必须加强考核，通过严格的考核来淘汰混入官学的不学无术、滥竽充数之徒。从这一点来讲，他认为地方教官们考核、管理生员的权威必须加强。

宋应星认为，部分豪绅出身的童生通过考试舞弊而窃得府学指标，必须由

---

①宋应星. 野议·论气·谈天·思怜诗 ［M］. 上海：上海人民出版社，1976：7.

②杨维增. 宋应星思想研究及诗文注译 ［M］. 广州：中山大学出版社，1987：98.

③宋应星. 天工开物 ［M］. 成都：四川美术出版社，2018：253.

知府对其进行复试，再由司法部门追究祖护者的法律责任。

第三，要在学界通过法治来扶善惩恶、留良汰劣。宋应星认为，朝廷必须制定完备的《学政律》，并在全国各地严格执行。这就能在学界扶善惩恶、留良汰劣，震慑不学无术、文理不通之徒，给具有真才实学的贫寒子弟获得进取的机会，让他们不再沦落社会底层而对体制心怀怨恨。

实际上，宋应星在分宜县担任教谕的四年中，基本上实践了上述改良主张。他通过季考的方式，淘汰了 160 多位不学无术、滥竽充数的假生员，补录了具有真才实学的贫寒子弟成为廪生。他在教课的过程中，向生员传授了农业、手工业、矿冶业、兵器制造业等实业技术。据史料记载，宋应星"乘铎分宜，士风丕振。"① 分宜县学在他的领导下，取得了优良的教学成绩，培养了许多人才，因此他得到知县、知府等人的认可，被朝廷破格提拔，从分宜县从八品教谕升迁为汀州府七品推官。

宋应星的教育改良思想，在许多方面涉及了上述问题。其闪耀着真理和道义光芒的思想，揭露了明末教育界的腐败，推动了精英与平民对帝国危机的认识，启迪了后代思想家的思考。同时，其对明末教育腐败的认识及其改良思想也为促进我国当前教育事业的稳定、改革和发展，提供了一定的历史经验和启迪。

---

①白寿彝总主编. 中国通史（第 2 版）［M］. 上海：上海人民出版社，2015：1613.

第八章 务实作风

《天工开物》中所彰显出来的务实作风，主要体现在以下几个方面：第一，宋应星具有经世致用观，《天工开物》创作的宗旨就是为了治理世事、切合实用，通过普及科技来解救世人物质匮乏的痛苦并给他们带来实惠和利益。第二，宋应星具有科技思想，其科技为本、系统学思想蕴藏在《天工开物》中。第三，宋应星推崇沈括"深究其理、必有所谓"的观点，他到过我国江西、安徽、江苏、河南、山东、河北、浙江、福建、广东、广西、云南、湖北、湖南、贵州、四川等地进行田野调查，获得了第一手的科技资料。

第一节 宋应星的"经世致用"观

大明帝国从万历年间（1573—1620年）开始，日益走向衰落。皇帝和文官集团明争暗斗，万历帝消极怠工，30年不作为，对文官集团实施"不合作运动"，文官集团内部也四分五裂、党同伐异。在宋应星生活的万历、泰昌、天启、崇祯年间，国是日非，内忧外患不断，百姓生活在穷困、恐惧之中。程朱理学、陆王心学空谈心性，不切实际，宋应星等人开始研究实学，以经世致用，以济世利民。

一、腐朽的科举选官制度导致经世致用之才匮乏

宋应星生活的时代，大明帝国已经处于风雨飘摇之中，政治黑暗，财政枯竭，阶级矛盾和民族矛盾尖锐，社会动荡不安，内忧外患不断。而通过八股文章、弓马骑射选拔出来的官员却少有人能力挽狂澜。

宋应星在《野议·进身议》中把大明帝国的官员分为若干种，证明腐朽的科举制度无法选拔出经世致用的人才。

第一种官员，有功名而无守土能力。他们通过科考成为知县、知州、知府

后，剥削百姓很内行，而城池总是轻易地被敌人攻破。他们一味向上报告钱粮已经开支完毕，而无筹集之策；遇敌只知道邀功求赏，频繁告急，最终丢失城池、土地。之所以如此，是因为文人用来骗取官位的、文字游戏般的八股文导致了"晚明官僚阶层的集体无能，士人成为求官、趋利、谋私的学痞和伪君子。"①

第二种官员，有进士功名却只知以权谋私。这些新贵一旦担任朝廷公卿高官，只想光宗耀祖、封妻荫子和生前身后的荣华富贵。至于国家的内忧外患，他们从来不考虑，也不努力请缨报国，而是作壁上观和做太平官，把艰险的任务推给其他低劣的庸才去做。

第三种官员，把官府当成客栈，尸位素餐不作为。他们或忙于投机钻营，或忙于催征钱粮赋税以求虚假政绩，企图调到膏腴之地或北京为官，对国家、百姓的利益丝毫不感兴趣。大明帝国的政权、财权、文教权多被上述几种官员掌握了，帝国的政权日益动摇。

崇祯皇帝朱由检（1611—1644 年）的一次殿试，也说明了腐朽的科举制度已经无法选拔出治国安邦、经世致用之才，而只会选出一些迂腐的学究。崇祯七年（1634 年）甲戌三月十五日，崇祯皇帝在太和殿对 300 多位贡士进行了殿试。崇祯帝在 300 多字的《策问》中，提出 9 个问题，可概括为五个方面。其一，整顿士风。他认为帝国官僚腐败无能，必须整顿士风，大举选拔德才兼备的官员，至于如何解决这个问题，他也不知道，所以向贡士们请教对策。其二，抵御外患。他认为东北满洲蛮夷，地狭人稀，但一旦发动进攻，却异常凶悍，势不可挡。所谓"东虏本我属夷，地窄人寡，一旦称兵犯顺而三韩不守，其故何为？"② 其三，戡除内乱。他认为流寇与天灾互为因果，很难破解。其四，管理财政。国家需要财政资金对付东虏、流寇，但国库空虚，军费

---

① 高波. 走出腐败高发期：大国兴亡的三个样本. 修订本. ［M］. 2 版. 北京：新华出版社，2021：195.

② 陈文新. 明代科举与文学编年：下 ［M］. 武汉：武汉大学出版社，2009：315.

匮乏。有些文人进谏要减免税收以减轻人民负担。民为邦本，朝廷当然体恤。但既要恤民，又要养兵，两全之策是什么？所谓"言者不体国计，每欲蠲减，民为邦本，朝廷岂不知之，岂不恤之？但欲恤民又欲赡军，何道可能两济？"①

其五，破格用人。明朝初期的官员不一定有举人、进士功名，但现在却必须通过科举选官，这种禁锢人才的陋规如何破解？

贡士们多年浸淫四书五经、八股文章，头脑中只有一些陈旧、空洞的儒家意识形态的义理，学非所用，学用脱节，重德而轻才，重形而上而轻形而下，更无济世安民之才。《明史》说："明季士大夫，问钱谷不知，问甲兵不知。"② 赵翼在《廿二史札记·明末书生误国》一文中说："书生徒讲文理，不揣时势，未有不误人家国者。"③ 因此，他们对朱由检提出的上述问题当然无法发表真知灼见，只好硬着头皮应付一篇交卷。朱由检看了二十四份"策对"，大多不满意，只发现52岁的河南杞县举人刘理顺（1581—1644年）的"策对"抒发了一些自己的看法。朱由检只好差中选优，钦定他为状元。其实，刘理顺也是一位只会书生论政的庸才，只不过他由于无钱财背景，在殿试前未能打听到内阁原本拟定的《策问》。因为他原本无备而来，所以看了皇帝的问题，反而很从容地写下了若干点自己的建议。

此外，士人被推荐者必须经过吏部铨试，但吏部的行政效率低下，北京的旅馆中经常滞留几千位文武选官，而各地缺少300多位知县、知州和知府。地方缺少行政首长必然会发生一系列经济、政治和社会问题。

二、宋应星的"经世致用"观

基于上述情况，宋应星认同实学家王艮等人的理念，认为民生日用即道，

①晏青. 崇祯大传奇［M］. 杭州：浙江文艺出版社，2016：318.
②张廷玉等. 明史第5册［M］. 长沙：岳麓书社，1996：3668.
③赵翼. 廿二史札记·卷35·明末书生误国［M］. 北京：中华书局，1984：806.

学者应该经世致用——治理世事、切合实用。

宋应星关注百姓的民生日用，如吃、穿、住、行、用等问题。他根据解决下层百姓的日常生活问题为首务，而上层贵族的奢侈品为末事的原则，即"贵五谷而贱金玉"的原则，撰写了《天工开物》一书。该书共有 57151 个字，超过一半的文字是载述以下问题：吃——食品、副食品；穿——服装；住——砖瓦、石灰等建筑材料；行——舟船、马车、独轮车；用——日常生活资料、各种生产资料。

明代的实学家很多，比较知名的有：薛瑄、罗钦顺、王廷相、黄绾、崔铣、王艮、杨慎、吴廷翰、陈建、高拱、何心隐、李时珍、徐渭、张居正、潘季驯、胡宗宪、马一龙、耿荫楼、张燮、马骥、李贽、朱载堉、吕坤、唐鹤征、焦竑、陈第、汤显祖、顾宪成、高攀龙、袁宏道、孙奇逢、朱之瑜（朱舜水）、张溥、傅山、陈子龙、黄宗羲、潘平格、方以智、陆世仪、张履祥、顾炎武、熊伯龙、王夫之、毛奇龄、魏禧、费密、李颙、王锡阐、吕留良、陆陇其、唐甄、梅文鼎、颜元、万斯同、全祖望、刘献廷、王源、李塨、袁枚、戴震、章学诚、汪中、洪亮吉、焦循、阮元、龚自珍、魏源，不知名的就更多了。然而，他们中的大多数人只重视研究文献资料，希望自己成为知识渊博的杂家——博学家。

宋应星和他们不同，他重视田野调查，在这方面，他和当时著名的实学家、天主教徒——徐光启（1562—1633 年）和王徵（1571—1644 年）类似。徐光启对田制、水利、农业生产工具、造林、蚕桑、农作物种植、畜牧业、赈灾救荒等问题进行了深入的调查研究。王徵的父亲是一位精通数学的塾师，舅父善于制造器械，王徵从小耳濡目染，受其熏陶，所以对实学——自然科学有着浓厚的兴趣。他研究过各种水力机械、风力机械、畜力机械、人力机械，著有《新制诸器图说》一书，后来他和瑞士传教士邓玉函合作，编译了《远西奇器图说》，研究力学、密度、机械等问题。

宋应星创作《天工开物》就是为了救世利民——解救世人的物质匮乏的痛苦、给百姓带来实惠和利益，换言之，人们凭借自然力和人力开发、创造出各种生活资料、生产资料，归根结底是要为百姓提供使用价值，有益于百姓的日用民生的。例如，他在《天工开物·五金》中认为，黄金固然比铁昂贵很多而有价值，但是如果没有大锅、小锅、镰刀、斧头等铁制品而只有黄金，对一个国家而言，就好比只有皇帝没有百姓一样荒唐。他说："黄金美者，其值去黑铁一万六千倍，然使釜、鬻、斤、斧不呈效于日用之间，即得黄金，直高而无民耳。"① 他在《天工开物·锤锻》中也说："金木受攻而物象曲成。世无利器，即般、倕安所施其巧哉？五兵之内，六乐之中，微钳锤之奏功也，生杀之机泯然矣。"② 他的意思是说，用铁钳和铁锤等工具制造出来的五种兵器——矢、殳、矛、戈、戟和六种乐器——钟、镈、镯、铙、铎、镯，都是为了给人们提供使用价值的。

总之，宋应星关心下层百姓的民生问题，提倡通过开发、创造各种生活资料、生产资料，来解决百姓物质匮乏的痛苦，并给他们带来实惠与利益。此外，他还尊重没有文化和社会地方的劳动人民，称农民为"神农"，称手工业者为"神匠"，宋应星认为下层劳动群众是物质财富的真正创造者和经济活动的主体。他的这些思想，显然是比"求博洽"的实学家们要进步得多的。

第二节　宋应星的科技思想

有正确的科技思想才会有科技的进步，科技观是对科技成就的理论概括和抽象升华。宋应星生活的 16 世纪、17 世纪，西方正在进行文艺复兴、启蒙运动，明末清初的中国也出现了资本主义的萌芽、科学启蒙思想，科技浪潮汹涌澎湃。《天工开物》集中体现了宋应星尚理性、重实践的科技思想。

一、《天工开物》的科技为本

（一）缜密的科学性

其一，重视实践、实证，反对空谈虚浮。首先，宋应星推崇躬行、实践和

---

①宋应星；夏剑钦译注．利工养农《天工开物》白话图解 [M]．长沙：岳麓书社，2016：209.

②宋应星；夏剑钦译注．利工养农《天工开物》白话图解 [M]．长沙：岳麓书社，2016：167.

实证。他在《天工开物·序》中说："世有聪明博物者，稠人推焉。乃枣梨之花未赏，而臆度楚萍；釜鬵之范鲜经，而侈谈莒鼎。画工好图鬼魅而恶犬马，即郑侨、晋华，岂足为烈哉？"① 他认为一些所谓知识渊博的学者，尽管被人尊重，但他们不去实践、实证便武断地得出结论，这些行为是令人鄙视而厌恶的。

宋应星认为，文人有幸生活在交通方便、繁荣兴盛的大明帝国，就应该走出书房，到各地进行田野调查。所谓"幸生圣明极盛之世，滇南车马，纵贯辽阳；岭徼宦商，衡游蓟北。为方万里中，何事何物，不可见见闻闻。"②

宋应星家在曾祖父宋景、祖父宋承庆的时候，家境比较富裕，有好几万亩良田、山林，宋府为五进并带后花园的豪宅。可是在万历五年（1577 年），其家发生大火灾，宋府被烧成灰烬，加上分家析产等原因，宋家逐渐衰落了。到了宋应星时，他连购买文献资料和出版书籍的钱都拿不出来了。他说："年来著书一种，名曰《天工开物》。伤哉贫也！欲购奇考证，而乏洛下之资；欲招致同人，商略赝真，而缺陈思之馆。随其孤陋见闻，藏诸方寸而写之，岂有当哉？"③ 他为了撰写《天工开物》，只好在他就职的分宜县进行大量仔细的田野调查，并亲自做一些实证研究，为写作提供第一手资料。他这种务实的写作态度肯定比假大空的学者更可贵。

宋应星重视通过科学实验进行实证研究。他在《天工开物·膏液》中通过实验证明了各种油料的出油率：每石莱菔籽产油 27 斤，每石油菜籽产油 30 斤，每石茶籽可产油 15 斤，每石桐子仁可产油 33 斤，每石冬青籽可产油 12 斤，每石黄豆可产油 9 斤，每石大白菜籽可产油 30 斤。④ 正如前文所述，他为了证明

---

①宋应星；夏剑钦译注．利工养农《天工开物》白话图解［M］．长沙：岳麓书社，2016：1.
②宋应星；夏剑钦译注．利工养农《天工开物》白话图解［M］．长沙：岳麓书社，2016：1.
③宋应星；夏剑钦译注．利工养农《天工开物》白话图解［M］．长沙：岳麓书社，2016：1.
④宋应星；夏剑钦译注．利工养农《天工开物》白话图解［M］．长沙：岳麓书社，2016：191.

古书上说的烽火狼烟白天是黑色而晚上是红色的观点，在寒冬腊月远赴千里之外的赣南山区猎人张小山处购买狼粪进行实验，才明白确是如此。因为狼粪中有大量的未被消化的肉类，燃烧后会产生一种可燃气体。狼粪点燃后，便成为一种伴随着浓烈焰火的黑色气柱升起，它便是狼烟。因为昼夜能见度差别大，所以狼烟是昼黑而夜红。[①] 他曾经连续多个昼夜观察小麦开花的情况，最后得出结论：江南小麦是晚上开花，江北小麦是白天开花。他曾冒着酷热试验水稻的适应性，最终找到了一种适合在高山栽种的旱稻。他还曾带病进行蚕的杂交育种实验。

宋应星具有实事求是的精神。例如，《天工开物》本来有 20 章，但他最后删除了"观象""乐律"这两章，"观象"是关于天文器具制作的，"乐律"是关于音乐学方面的。他之所以删除这两章，那是因为他认为自己对此两方面的学问，没有经过实践、实证，不敢留下来误人子弟。他说："'观象''乐律'二卷，其道太精，自揣非吾事，故临梓删去。"[②]

其次，宋应星在《天工开物》中体现了科学的精细性、准确性。在他之前的学者多用定性分析，如贾思勰的《齐民要术》只使用了一些播种量的数字，其他数字很少，而宋应星效仿徐光启用了大量的定量分析。他在《天工开物·乃粒·稻》中用数字说明了秧田和本田的关系，"凡秧田一亩所生秧，供移栽二十五亩。"[③] 他对各种灌溉工具的效率进行了定量分析。他说："凡河滨有制筒车者，堰陂障流，绕于车下，激轮使转，挽水入筒，逐一倾于枧内，流入亩中。昼夜不息，百亩无忧。不用水时，拴木碍止，使轮不转动。其湖池不流水，或以牛力转盘，或聚数人踏转。车身长者二丈，短者半之。其内用龙骨拴串板，关水逆流而上。大抵一人竟日之力，灌田五亩，而牛则倍之。

①张相端，李德钧，姜葆夫编著.科学史上的明星中国古代科学家的故事［M］.济南：山东人民出版社，1983：366.

②宋应星；夏剑钦译注.利工养农《天工开物》白话图解［M］.长沙：岳麓书社，2016：1.

③宋应星；夏剑钦译注.利工养农《天工开物》白话图解［M］.长沙：岳麓书社，2016：4.

其浅池、小浍不载长车者，则数尺之车，一人两手疾转，竟日之功可灌二亩而已。"①

其二，推崇因地、因时制宜。 首先，宋应星推崇因地制宜。他认为酸性土壤的稻田必须施放石灰、骨灰，而碱性土壤则不必。他所说的酸性稻田就是指南方的山泉水灌溉的、处于深山窝中的、水温比较低的稻田。

其次，宋应星推崇因时制宜。他认为水稻的一生中容易遭受8种灾害，为此要根据其不同的生长时间，有的放矢地进行防治。他说的8种水稻灾害是：第一种，暖热导致的稻秧溃烂。第二种，大风把稻秧吹走。第三种，麻雀、老鼠等吃掉稻秧。第四种，长久的阴雨天冻死稻秧。第五种，害虫吞吃水稻。第六种，洪水淹没水稻。第七种，旱灾旱死水稻。第八种，风灾让已经成熟的水稻倒伏于田中发芽。

（二）匠心独运的技术美学

其一，文字和技术图相结合的表达方式。 宋应星认同南宋历史学者郑樵（1104—1162年）的观点，即图文并茂的表达方式，更形象和直观。郑樵认为，用图片能表达、传递文字所不能表达的思想。所谓"图谱之学不传，则实学尽化为虚文矣。……为天下者不可以无书，为书者不可以无图谱。图载象，谱载系。为图所以周知远近，为谱所以洞察古今。古之学者，为学有要，置图于左，置书于右，索象于图，索理于书。见书不见图，闻其声不见其形；见图不见书，见其人不闻其语。图至约也，书至博也。即图而求易，即书而求难。"② 郑樵虽然是历史学家，但大道相通，万物一埋，自然科学著作也适合用图表结合文字表达。

宋应星认为，图片和文字相结合的表达方式具有十分重要的意义。《天工

---

① 宋应星；夏剑钦译注 . 利工养农《天工开物》白话图解［M］. 长沙：岳麓书社，2016：9－10.

② 莫日达 . 中国古代统计思想史［M］. 北京：中国统计出版社，2004：306.

开物》的 18 章中，有许多宋应星所说的"具图""有图""具全图"——基本上每一章均配有若干技术图（工程制图）。实际上，古代许多手艺精湛的工匠大多是文盲，或者文化不高，作为行家里手，他们只要看到技术图便知道如何操作、生产。

《天工开物》中的 123 幅技术图比前人的更为精细、准确、逼真和科学，体现了作为实学家的宋应星那严谨缜密的科学精神。宋应星在撰写此书时，借鉴了元代王祯的《农书》《农器图谱》。《农器图谱》中关于高转筒车的各个局部并未用到透视原理，而《天工开物》中的高转筒车却用到了此原理，更为精细、准确、逼真和科学。

《天工开物》中 123 幅技术图均具有较高的科技价值和实用价值，他的这些图片精细、准确、逼真、朴实、生动、恬淡、简约、实用。宋应星不是以艺术的形式美作为绝对美的唯美主义者，而是典型的、功能至上的实用主义者、劳动美学者。

其二，劳动者自觉能动性的呈现。马克思认为："劳动创造了美。"[①] 宋应星也秉持劳动美学的观点。所谓"天工开物"就是：人力凭借自然力开发、创造、生产物质财富。他说："草木之实，其中蕴藏膏液，而不能自流。假媒水火，凭藉木石，而后倾注而出焉。此人巧聪明，不知于何禀度也。"[②] 他的意思是，草木果实中所蕴含的油脂必须通过劳动者的劳动，才能生产出来。劳动者的生产过程需要法、巧、器——操作技术与方法、生产技能、生产工具和设备，而法、巧、器均离不开劳动者的主观能动性（自觉能动性）。

---

① 周忠厚．"劳动创造了美"：马克思的美学主张 [J]．燕赵学术，2010 (2)：148—159．
② 宋应星；夏剑钦译注．利工养农《天工开物》白话图解 [M]．长沙：岳麓书社，2016：190．

二、《天工开物》的系统学

1968 年，美籍奥地利学者菲路德维希·冯·贝塔朗菲（Ludwig Von Bertalanffy，1901—1972 年）创立了系统科学。他认为系统包括四个部分：第一个部分，系统。第二个部分，元素。第三个部分，结构。第四个部分，功能。系统本质上是一种关系调整，即调整元素之间的关系，元素和系统之间的关系，系统与环境之间的关系，系统和功能之间的关系，功能和环境之间的关系。贝塔朗菲认为："系统由若干元素以一定的结构形式联结构成的、具有一定功能的有机整体。系统具有整体性、层次性、关联性和一致性。"①

生于明末清初 16 世纪至 17 世纪的宋应星不知道出现于 20 世纪的系统论为何物，但他的《天工开物》却不自觉地运用到了系统论的知识。该书是一本关于民生的科技书——大系统（整体、全局），它由 18 章——18 个子系统（部分、局部）构成，每一章又由若干元素构成。

（一）全局和局部（整体和部分）

《天工开物》的科技知识体系比较严谨，宋应星对农业、手工业、矿冶业等生产部门，根据"贵五谷而贱金玉"的原则进行了系统化处理。

《天工开物》分为上、中、下三册——三个中系统：上册这个中系统由 6 个子系统（章）构成，该中系统主要载述农业技术。中册这个中系统由 7 个子系统（章）构成，该系统主要载述手工业技术。下册这个中系统由 5 个子系统（章）构成，该系统主要载述矿冶业的技术。其内在逻辑思路是：农业是国民经济的基础、衣食之源，而要发展农业就需要手工业提供各种生产工具和设备，而要发展手工业就要矿冶业提供各种金属原材料。

---

①陈春花，朱丽，刘超，等. 协同共生论组织进化与实践创新 [M]. 北京：机械工业出版社，2021：16.

同时，全书的 18 个子系统（章）又由若干元素构成。

（二）联系性和调整性（关联性和协调性）

《天工开物》蕴藏着技术哲学的知识。宋应星认为，技术这个大系统由三个中系统构成：第一个中系统就是"法"，即劳动者掌握的基本技术方法和操作方法。第二个中系统就是"巧"，即劳动者所具备的技能。第三个中系统就是"器"，即进行生产活动时必需的工具和设备。他认为法、巧、器三者之间具有一定的联系。"工具与设备（器）"是由劳动者的技法、技能（法、巧）所生产出来的，工具设备被制造出来后必须被具备技法、技能（法、巧）的劳动者所应用，如果只有技法、技能（法、巧）而没有工具设备（器）的协助，或者只有工具设备（器）而没有具备技法、技能（法、巧）的劳动者，都不能开发、创造、生产出任何物品。所以，宋应星认为，法、巧、器者之间必须互相联系、互相协调。

宋应星关于要素必须互相联系、互相协调的案例很多。例如《天工开物·五金·铁》中提到了炒钢工艺流程："若造熟铁，则生铁流出时相连数尺内，低下数寸筑一方塘，短墙抵之。其铁流入塘内，数人执持柳木棍排立墙上，先以污潮泥晒干，舂筛细罗如面，一人疾手撒滗，众人柳棍疾搅，即时炒成熟铁。"① 生产熟铁分若干工序（要素），这些工序是一环扣一环的，只要其中一个工序出了问题，便会前功尽弃。换言之，生产熟铁这个系统中的某个要素的性能发生了变化后，其他要素的性质也会发生变化，最后整个系统也会发生很大的变化。

《天工开物》中许多案例证明，系统存在于一定的环境之中，但当环境发生变化后，系统也会随之发生变化。所以，为了让系统运行良好，就必须让它适

---

① 宋应星；夏剑钦译注．利工养农《天工开物》白话图解［M］．长沙：岳麓书社，2016：218.

应外部环境或者让它保持一定的稳定性，这也是系统的联系性、调整性的体现。如，一般而言，水和火不兼容，但可以依据不同的环境，让其发挥其性质，便可获得良好的效果。石灰是由火烧成的，烧制成的石灰与黄泥、砂石搅拌之后，可以用来"固舟缝，砌墙石，襄墓、造纸"。所谓"凡石灰经火焚炼为用。成质之后，入水永劫不坏。亿万舟楫，亿万垣墙，窒隙防淫，是必由之。……凡灰用以固舟缝，则桐油、鱼油调厚绢、细罗，和油杵千下塞垫。用以砌墙石，则筛去石块，水调粘合。瓮墁则仍用油灰。用以亚墙壁，则澄过入纸筋涂墁。用以襄墓及贮水池，则灰一分，入河沙、黄土二分，用糯粳米、羊桃藤汁和匀，轻筑坚固，永不隳坏，名曰三和土。其余造淀造纸，功用难以枚述。"①

（三）以优化求效益

系统论认为，对原理、参数、方案、成本、效率等进行优化、改良、完善、整合，可以获得更好的效益——技术、经济、社会方面的效益。

《天工开物》中体现了系统论中的优化观——以优化求效益。例如，他在《天工开物·五金》中介绍熟铁生产工艺时，即体现了最优化的理念。用柳木棍搅拌铁水、污潮泥粉以氧化生铁中的碳来炼成熟铁，是一种最优的方案，如此减少了炒铁的再熔化的工序，总体工艺的优化获得了较高的技术效益、经济效益。

《天工开物》中体现了通过优化参数以获得效益的案例。如《天工开物·乃粒》中说，用绿豆浆、黄豆充当稻田的肥料，可以提高粮食单产。所谓"南方磨绿豆粉者，取溲浆灌田肥甚。豆贱之时，撒黄豆于田，一粒烂土方三寸，得谷之息倍焉。"② 因为用绿豆浆、黄豆优化了施肥这个参数，从而让水稻生产系统的效益达到最大化，即增加了一倍的稻谷产量。

---

① 宋应星；夏剑钦译注．利工养农《天工开物》白话图解 [M]．长沙：岳麓书社，2016：177.

② 宋应星；夏剑钦译注．利工养农《天工开物》白话图解 [M]．长沙：岳麓书社，2016：5.

第三节　宋应星的田野调查

宋应星认同沈括"深究其理、必有所谓"的观点，他"滇南车马，纵贯辽阳；岭徽宦商，衡游蓟北"①，大江南北，长城内外，到处都有他进行田野调查的足迹。

一、赴北京科考途中的田野调查

宋应星对实学一直有兴趣。他还是县学生员时，就喜欢四处游历，广泛阅读诸子百家各学派著作及农医历算等科技著作。从万历四十三年（1615 年）至崇祯四年（1631 年）的 16 年中，宋应星从 28 岁到 44 岁，先后 6 次赴北京参加会试，企图考取进士，但均失败了。宋应星宝贵的青壮年时期，就这样消磨在科举方面，从此他绝了科举之念。

虽然他 6 次赴京赶考均失败了，但这 6 次水路兼程的万里跋涉，并非一点意义都没有。在这些长途旅行中，开阔了宋应星的视野，扩充了他的社会见闻。沿途他经过江西、湖北、安徽、江苏、山东和河北等省的许多城市和乡村。沿途他有机会在田野、作坊从劳动人民那里调查到许多农业、手工业的生产技术知识，为后来他创作《天工开物》奠定了基础。没有这些经历，他就难以写出《天工开物》。

一次，宋应星等人进京赶考途中，船到安徽芜湖要停泊卸货。同行的大哥宋应升、舅父甘吉阳等都去看风景了，宋应星却只身一人钻入染坊。如果说松江府的织造出名，那么芜湖就是浆染业出名，他要亲眼看一看。染房棚内摆满了大大小小的染缸，工匠们将收集的茶蓝、蓼蓝、马蓝的叶子，放在缸内浸泡七天，蓝汁就出来了。每一石蓝汁要加入五斗石灰，用力搅拌几十甚至几百

① 汪前进．明代科技史（彩图版）/中国历代科技史［M］．上海：上海科学技术文献出版社，2022：273．

次，就凝结成蓝靛。将白棉布放在碾石上去踩，蓝布就形成了。当时芜湖正在生产一种新鲜的毛蓝布，色泽鲜艳，略带红色，畅销各地，这背后有一种秘方在起作用。宋应星脱下身上的长袍，帮染匠们搅拌，巧妙地得知生产这种毛蓝布的办法是：将上好的松江布染成蓝色后，不再浆染，等风干之后，便用胶水掺绿豆浆水浸泡一下，再放进漂缸内漂染后立即取出，这就成为略带红色的毛蓝布了。这是他获得的一份"秘不外传"的宝贵资料。

二、江西分宜县的田野调查

据《宋应星年谱记载》，从崇祯五年（1632 年）开始，45 岁的宋应星开始在家里收集相关资料，因为父母相继去世，家务繁重，未能动笔。两年后的崇祯七年（1634 年），47 岁正值年富力强之时，宋应星第一次进入仕途，到袁州府分宜县任教谕。教谕是县学教官，级别低，月俸禄只有 3 石米，是当时一般士大夫鄙薄的所谓冷官。但是，冷官有冷官的好处，就是空余时间比较多，可以集中精力进行著述。崇祯七年至十一年（1634—1638 年），也就是 47 岁到 51 岁的时候，宋应星在分宜县担任了四年的教谕。当时的分宜县人口只有 6 万多人，文化人少；任教谕基本上没什么工作量。一向有抱负的宋应星，则充分利用这一大好时光，大展宏图，一边对农业、手工业技术进行田野调查，一边开始动笔撰写千古不朽名篇——《天工开物》。

这时候的分宜县的社会也比较安定，事简民淳，闾里无事。县令曹国祺是广西全州人，也是一个比较好的县令。他"用意抚字，清标雅度，初终不渝。"① 当时的县城（钤阳镇），设有专门的教谕署，环境幽静，尊经阁的图书比较丰富，很适宜写作。这些都是好的客观因素，有利条件。如果不是这样，不是这个时候，再迟几年，则李自成攻占北京，吴三桂引清军入关，天下大

①中国人民政治协商会议江西省分宜县委员会文史资料委员会编．分宜文史资料：第 3 辑［M］．内部资料，1991：122．

乱，一夕数惊，"邑境震恐"，宋应星就不可能安下心来从事著述了。

分宜人民，勤劳朴实，风俗淳美，而士大夫则"秀而文细""士生其间，率崇节概而敦诗书"。宋应星来分宜之后，带来了好的学风，史书说他"乘铎分宜，士风丕振"。铎是古代用于宣布政教法令的一种大铃铛，意思是说他在分宜宣布政教，士风为之一振。宋应星在分宜县进行了广泛的社会实践和田野调查，上至县令，下至平民百姓，他均有交往。他经常深入民间，进行田野调查，耳濡目染，逐渐熟悉了分宜的"诗书"和"节概"，风土和民情。分宜人民的耕耘、操作，就是他常阅读的"天书"。《天工开物》中的"乃服"（服装业）、"乃粒"（农作物）以及"陶埏""冶铸"，无一不有分宜人民的形象。初刻本的许多插图，均是根据分宜当时的实际情况描绘的。如第二十八页的筒车，就是取材于分宜县的松山、大岗山一带的"河滨有制筒车者"，到现在仍然"昼夜不息，百亩无忧"。后面所描绘的人车、拔车、桔槔，也都是分宜县的实物。而第十九页的耕耙图，农民站立于耙上，更是分宜县的特色，现在仍然是这个样子。而在外地，则是农民扶着耙走。说明这种耕作方式，是宋应星直接田野调查的结果，完全取材于分宜农村。最逼真的还有"经具""过糊""机式"那几节，完全是取材于今分宜县双林镇的织布房，也是宋应星进行田野调查的成果。双林是分宜县夏布的著名产地，距离分宜县城有 60 里，宋应星进行了实地考察，所以才写出了精彩的"乃服"篇章。

《天工开物》中所记载的物产，从"乃粒"到"曲蘖"，100 多种物品，分宜县都有。分宜县是资源比较丰富的地方，虽然是一个蕞尔小县，该县境南北狭长，方圆不过 50 公里，人口不到 6 万人，但物产琳琅满目，正好给宋应星开了一个博物馆，这也是宋应星在分宜县进行田野调查并撰写《天工开物》的一个有利条件。特别是某些生产工艺流程，分宜县当时已经初具规模，更是给宋应星提供了方便。例如"燔石"（烧石灰），分宜县到处都有，而宋应星的老家奉新县是没有的，至今还靠外地供应石灰。再如"冶铸"，分宜县的露天铁矿——铁坑，早在唐朝时期就开始开采，明代洪武年间时曾经设有冶铁所，年产铁 81 万斤，为当时全国 13 个冶铁所之一，当时全国官铁年产量仅为 1800 余万斤，小小的分宜县就有如此规模，约占全国官铁产量的 5%。宋应星在《天工开物·冶铸》中描述了分宜县铁坑矿露天开采的真实情境。他还仔细记录了冶铁技术和坩埚的制造，炉芯的保护，怎样才能没有罅隙，怎样才能封住结口。不久，他据此写成详尽实用的《冶铸》篇。

《天工开物》的其余各卷，也有宋应星在分宜县进行田野调查的痕迹。如"膏液"写油脂的生产，附图南方榨，就是现在还在用的榨油作坊。第十三卷"杀青"，写造纸术，也是取材于分宜县的土纸制造法。第十七卷的"曲蘖"，则是记叙民间酿酒术，也和分宜县迄今还实行的糯米酒制作方法一模一样。《天工开物》的许多原始材料和生产工艺，均直接取材于分宜县，这部巨著，从某种意义上而言，也可以说是明代分宜县的一部"实业志"；旧志中最缺实业方面的内容，宋应星的记叙，弥补了此学术空白点。由此可见，宋应星在分宜县之所以能完成这部巨著。除了他主观上励志于学，博大精深，有高人一等的思想境界，敢于书写人们不屑写的科技史，此外还和他重视田野调查和实地考察有关。

三、老师兼亲戚邓良知任职的安徽、福建等地的田野调查

55 岁的邓良知在万历四十一年（1613 年）考中进士后，曾先后任安徽宣城县令、福建兴泉兵备道，镇守兴化府（今莆田市）、泉州府的海防，抵御倭寇，屡次获胜，后任广东布政使司参政。崇祯元年（1628 年），他致仕归乡。

据《天工开物》的内容推测，宋应星曾经到过安徽、福建等地调查，他利用老师的人脉完成了这些田野调查工作。

四、好友兼亲戚涂绍煃就职的河南、四川、广西等地的田野调查

涂绍煃（又名涂伯聚）于万历四十七年（1619）考中进士后，历任都察院观政、南京工部主事、河南汝南（一说为信阳）兵备道、四川督学、广西左布

政使等职。他在广西大力发展矿冶业、工商业，为此，许多江西人追随他到大西南开发矿藏。

宋应星曾经到过河南汝南进行田野调查，他利用涂绍煃担任兵备道的便利，调查了红衣大炮的制作过程，为其后来撰写《天工开物·佳兵》部分，奠定了扎实的资料基础。

五、宋应升任职的浙东和粤西的田野调查

宋应星多次到大哥宋应升的就职地进行科学考察。

崇祯四年（1631年），大哥宋应升任浙江嘉兴府桐乡县知县。桐乡处于湖州、嘉兴和杭州之间，是当时养蚕和丝织业中心，宋应星看望兄长时顺路对这些地方的养蚕和丝织技术作了一番细致的考察，《天工开物·乃服》中对湖州、嘉兴一带的养蚕技术作了生动而翔实的叙述，没有做现场调查无法描述得那么细腻、精准。

随后，宋应升转任广东肇庆府恩平县期间，也曾数次邀请远在分宜的弟弟前往做客，这为宋应星现场考察当地工农业生产提供了难得的机遇。《天工开物》中关于广东种植甘蔗，制作蔗糖和造船技术的描述，也多半是他根据实地见闻而写的。

实际上，明代的许多学者已经开始进行田野调查，如李时珍通过田野调查撰写了《本草纲目》，徐霞客通过田野调查撰写了《徐霞客游记》，徐光启通过田野调查撰写了《农政全书》，同样，宋应星通过田野调查撰写了农业和手工业生产的综合性著作——《天工开物》。

宋应星是伟大的科学家，像《天工开物》这样全面、系统地记录古代农业和手工业各部门生产技术，广泛地总结古代劳动人民的宝贵经验，在中国历史上是空前的。他在科技研究工作中，重视田野调查和劳动者实践经验的态度和方法，是值得后人借鉴和称颂的。

目前可知宋应星田野调查的地点主要有：安徽芜湖、浙江桐乡县、广东恩

平县和江西分宜县，而《天工开物》所涉及的农业和手工业生产技术比较广泛。宋应星曾经游历大江南北，行踪遍及江西、福建、湖南、湖北、安徽、江苏、山东、河南、广西、四川、新疆等地，对东北捕貂、南海采珠与和田采玉等工农业生产，进行了田野调查和实地考察。至于他还到过哪些地方进行田野调查，考察了什么工艺，工艺中的数据是如何来的？这些，都有待我们进行下一步的研究。

总之，正如姜若木所言："（《天工开物》）体现出来的重视实践、考察、验证、实测以及十分重视定量分析，是近代实验科学的标志，是我国传统科技走向近代的希望。"①

---

①姜若木编著．点读历史书坊·明季风尘［M］．北京：中国书籍出版社，2021：184.

第九章　创新品格

宋应星勇于创新，发前人之所未发，言前人之所未言，取得了一些突出的科技成就。他在《天工开物》等著作中，第一次建立了宏观的科技体系、第一次研究矿冶业等重要的技术、记述了许多创新性的技术、提出了许多创新性的理论见解、创新了科学思维与科研方法，此外，他还创造性地提出多个科学假说。

第一节　创建了综合性的科技体系

宋应星首创综合性的科技体系和科技著作的新体例，首创用田野调查获得资料并发表议论来创作科技书，首创把艺术和科技融合起来。

一、宋应星首次创立了一个综合性的科技体系

在宋应星之前，还没有任何科学家把农业（农）、手工工业（工）、矿冶业（虞）等产业进行全面的概括化和系统化，并构建成一个综合性的科技体系。

《天工开物》的内在逻辑是：农—工—虞。《天工开物》的上册主要载述为世人提供食物、服装的农业领域的技术，中册主要介绍制造业（手工业）的技术，即为农业提供生产工具、设备、生产资料的产业，下册主要著录矿冶业的技术，即为制造业（手工业）提供金属等原材料的产业。其中，载述为百姓提供食物、服装的文字几乎占一半多，这体现了宋应星爱民重农的思想。

就是在宋应星之后的 200 多年，一直到 1912 年大清帝国灭亡，也没有出现过在广度、深度领域内超过《天工开物》的、相似的科学著作。

二、宋应星首次创立了科技著作的新体例，即《天工开物》的体例

宋应星的《天工开物》是一种综合性的宏观研究，也分类研究了农业、手工业、矿冶业的工艺、技术，即该书的体系是宏观—中观—微观，宏观是整本书介绍有益于民生日用的技术，中观包括上册的农业、中册的手工业和下册的矿冶业，微观是书中介绍的130多种技术及其具体的工艺、原材料等。《天工开物》宏观中有中观、中观中又有微观，博中含专，是一种独特的编纂体例。

三、宋应星首次用田野调查获得资料并发表议论来撰写科技书

从《天工开物》的内容可知，该书是一本技术百科全书。它并不是一般意义的百科全书和诸如《永乐大典》《四库全书》《古今图书集成》的这类书。因为他们编纂的资料主要来源于文献资料，靠集体分工合作拼凑起来完成的，主要编纂依据是前人留下的文献资料。这种百科全书、类书，不需要作者对条目进行田野调查、实际研究，也不需要作者对条目发表个人的见解，只需要分门别类地把古人的文献资料有条理地罗列、记载即可。所以，传统的百科全书、类书是地地道道的文献资料汇编而已。

然而，《天工开物》这本技术百科全书是由宋应星一个人完成的，书中的内容一部分来源于前人的文献资料，大部分来源于宋应星的田野调查和实际研究。而且，宋应星对相关技术在"宋子曰"中发表了许多新颖独到的见解。

四、宋应星首次把艺术融入科技，即为《天工开物》插入了许多技术画

《天工开物》共有57151个字，描述了33类产业和130多种技术，还配了123幅生产操作、设备的技术图。这些技术图让后人能直观地认识晚明及其以前的劳动者的形象及其劳动情态。

　　《天工开物》一书中，共有123幅技术图、286个人物，其中正在工作的有280位，内含10位女性。每个劳动者的表情均栩栩如生，老年人、中年人、青年人、儿童一起出现在画面上。其中，"锤锻"中的《锤锚图》中，人物最多，共有15位工人，他们正在协调一致地进行劳动（见图9—1）。

图 9-1　锤锚图

　　中国古代美术作品汗牛充栋，但真正表现280位劳动者的长篇作品几乎没有，是《天工开物》第一次完成了这项工作。280位劳动者，有的在惊涛骇浪中工作，有的在高温的冶炼炉边工作，有的在黑暗的矿井下工作，有的在水底工作，但更多的是在田野中或露天的生产作坊中工作。他们以不同的方式创造着物质财富。

另外，《天工开物》中共有 30 头牲畜，其中有 13 头牛、11 匹马、6 头驴子，反映了华北、华南等地使用牲畜劳动的情况。

插图是用素描写实的线条画成的，各种生产工具、设备具有立体感，基本符合投影原理，各部分的比例适中，图片逼真、栩栩如生，令人有身临其境之感。这些插图在科学史、美术史中可谓是匠心独运、别具一格、自成一家、与众不同、个性鲜明。

宋应星的技术图直观地传递了许多文字不一定表达得清楚的技术信息。他的这些技术图对理解文字表达中的工艺流程、工具设备而言，具有十分重要的意义。例如，"冶铸"中载述铸造巨鼎时，实质性的文字介绍不多，只配了一幅铸造巨鼎的技术图。在"冶铸"中介绍铸巨钟的时候，也是如此。然而，这两张技术图在铸造行家手里，便可得出许多文字无法表达清楚的技术信息。

《天工开物》中的 123 幅技术画，应当给予重视和推崇。它们是科技和艺术的融合，是宋应星技术美学的重要体现。观赏这些技术画，不仅能让我们获得古代科技知识，而且还能获得美的体验、艺术的享受。它们在文化史、艺术史中，和山水、仕女、花鸟、宗教画相比，毫不逊色。令人感到迷惑和失望的是，迄今为止，一些宗教画被高度评价，而宋应星的技术画却很少被美术史著录。

第二节　技术的创新

宋应星开冶金业、造纸业、采煤业、建材业等技术研究之先河，并在《天工开物》中载述了许多创新性技术。

一、宋应星率先研究一些重要的技术

（一）宋应星首开金属冶炼、铸造、锻造技术研究的先河

包括金属冶炼、铸造、锻造在内的重工业的地位和作用十分重要。它是国民经济的主导产业；它为第一产业（农业）提供了化肥、农药、机械等生产资

料；它为生产生活资料的轻工业提供了许多先进的技术、工具、设备；它是军工产业、国防现代化的物质基础；它为国家提供了丰厚的财政收入；它是国家富国强兵的重要物质之基。

有道是：工欲善其事，必先利其器。钢、铁、铜等金属工具是农业、制造业、服务业等产业进行生产的前提和基础。金属制品，特别是钢铁设备和钢铁工具，是撬动社会生产力的强大杠杆。然而，令人感到奇怪的是，从春秋战国直到大明帝国晚期，在汗牛充栋的古代典籍中，竟然没有任何著作对金属冶炼、铸造、锻造的技术进行系统的记载和阐述。现存的资料表明，在这 2000 多年中，世代炎黄子孙竟然无任何人对此类技术进行深入而系统的研究。估计金属冶炼、铸造、锻造技术涉及军工产业，统治者忌讳百姓掌握此有可能颠覆政权的技术，所以禁止任何学者研究这类技术。

宋应星在其《天工开物》的"五金""冶铸""锤锻"中，破天荒地对金、银、铜、铁、锡、铅、锌等金属及其相关合金的冶炼、铸造、锻造技术，进行了深入而系统的研究，并用 123 幅插图进行形象化的展示，从而填补了我国百工技术领域的一大空白。

(二) 宋应星首开造纸、采煤、砖瓦、陶瓷、制糖技术研究的先河

造纸业是国民经济中十分重要的产业，对国计民生具有十分重要的意义。它有利于促进制造业的发展、生态环境的保护、科技的进步、国际贸易水平的提升、民生福祉的改善。

煤炭是工业的黑金和不竭动力之源。煤炭产业是国民经济中最重要的支柱产业之一，它为国家的发展贡献良多。煤炭产业为国家提供了能源支持，促进了经济的增长，提升了国家能源的安全，推动了环保科技的发展。

作为重要建材的砖瓦，铸就了中华秦砖汉瓦的文明，保证了经济建设的需求，在国计民生中发挥了巨大的、不可替代的作用。

作为重要建材、民生日用品的陶瓷及其产业，在促进建筑业发展、改善民

生生活质量、传承陶瓷文化、促进科技进步方面，均具有十分重要的意义。

制糖工业在国民经济中扮演着十分重要的角色，一方面，它是食品工业的基础产业；另一方面，它又为造纸业、化工业、发酵业、医药业、建材业、家具业等多种生产部门提供了原材料。

宋应星破天荒地对造纸、采煤、砖瓦和陶瓷制造、制糖等技术进行了深入而系统的研究，充当了这些领域的先锋。上述产业的许多技术，由于他的载述、研究，才吸引了方以智等科学家的注意力。对近现代的国人而言，正因为有宋应星在《天工开物》中的"杀青""燔石""陶埏""甘嗜"的载述、介绍，才让他们解开了古代造纸、采煤、砖瓦和陶瓷制造、制糖技术中的一些奥秘，免除了高昂的摸索成本。

二、宋应星载述了许多创新性的技术

《天工开物》涉及中国17世纪农业、手工业、交通运输业和国防等几个主要部门，插图123幅，图文并茂地记述了我国明末许多具有创新性的科技成果。

（一）农业生产方面，宋应星记述了许多先进技术

如他在"燔石"卷中记述了用砒霜制作农药的技术，这是我国古代农业科技史上的一项创新发明。他在"粹精"卷中记述了"三用水碓"的先进技术，这种水碓把"三机"——动力机、传动机与工作机组合在一起，这比英国人利用一个水轮带动两盘磨，至少要早10个世纪。此外，他在"乃粒"中记载了用骨灰蘸秧根充当磷肥、油料枯饼的肥效、石灰改良土壤等农技知识；他在"乃服"中记载了杂交培养蚕虫良种的技术；在"甘嗜"中记载了甘蔗育苗和移栽的技术。其中，明代甘蔗育苗与移栽的技术，在近代发现《天工开物》之前，已经失传很久了。

（二）在纺织方面，宋应星载述了许多先进技术

宋应星记述了棉、麻、丝、皮、毛的来源和织造，从养蚕到丝绸，从布衣到龙袍，从腰机到花机，无所不谈。其中，花机是当时世界上最先进的纺织机械。

科技是一定历史条件下的产物。大明帝国中期之后，外贸发达，丝织品是外贸畅销品，中外商人获利丰厚。丝织品的贸易助推了蚕丝产业的发展，家庭蚕丝作坊开始向纵深发展。为了获得较高的利润，蚕丝生产中的各项工艺必须精益求精。在杭州、嘉兴和湖州地区，大片的粮田被改种桑树。许多普通农户也是"一年两期蚕，可抵半年粮"。蚕桑业兴隆，被深入工农业生产实际的宋应星注意到了，他开始对蚕丝业的生产过程进行了身临其境的田野调查和认真总结。蚕丝业的生产过程至少包括种植桑树、养殖蚕虫、留蚕种、缫丝、制绵、染色、纺织绸缎等流程。这也说明，中国的蚕丝技术在十六、十七世纪之交，达到了一个崭新的高度。

宋应星在"乃服"篇中，总结了杭州、嘉兴和湖州地区的蚕丝科技的成就：一是总结了用天露浴、石灰浴、盐卤浴等方法，洗浴蚕种增强蚕体质的技术。二是详细地记载了蚕品种的分化与利用。三是详细记载了蚕的饲料，即桑叶、柘叶和柞叶。四是描述了蚕传染病的症状，记载了胀死、触死、僵、懒蚕、蠢蚕等蚕病的成因。五是记载了上蔟出口干的技术。六是记载了缫丝出水以提高丝质的技术。七是记载了精良的制绵技术。

（三）煤炭的开采方面，宋应星介绍了多种先进采矿技术

宋应新载述了用空心竹筒排空各种气体燃料（瓦斯），并建立竖井支护、平斜巷支护和硐室支护等煤矿巷道支护之后，再进行采煤的技术。瓦斯爆炸与塌方，是欧洲早期煤矿生产中最棘手的问题，从宋应星的笔下可知，在宋朝的时候，我国已经通过用竹管排空瓦斯和设立支板防塌井的方法基本解决了这个问题。

宋应星在人类历史上第一次对煤作了初步的科学分类，即根据硬度、形状和具体用途，把煤炭分为明煤（类似现在的无烟煤）、碎煤（类似现在的烟煤）和末煤（类似现在的褐煤和泥煤）三种。

（四）钢铁生产方面，宋应星载述了先进的矿冶技术

他记述了我国独创的由铁矿开始，依次炼成生铁、熟铁，再生熟相和合炼成钢的，类似于半连续化的生产系统。他在"五金"中提到的创新性技术有：巨大的活塞风箱、经过改良的灌钢法、用泥粉做熔剂来加速生铁中碳的氧化过程、把冶铁炉与炒铁设备串联的连续作业工艺流程……

（五）有色冶金方面，宋应星载述了锌矿的冶炼技术

宋应星在人类史上第一次记述了技术难度较大的锌（倭铅）的冶炼，即用炉甘石（碳酸锌）来生产倭铅（锌），这也是世界上最早的炼锌记载。他指出黄铜当"铜七倭铅三"时延展性能最好，这与近代金属学实验数据是吻合的。

（六）金属加工方面，宋应星载述了各种先进技术

宋应星记述了具有中国特色的熔模（失蜡）精密铸造和小炉群汇流浇铸大件法，还记述了将工件放在填充粒状渗碳剂的密封箱中进行渗碳的工艺——固体渗碳等先进工艺，又绘制了当时国际上第一先进的鼓风设备——活塞式风箱图。宋应星在"锤锻"中提到了"生铁淋口"的创新性技术，即在熟铁锤锻而成的铁质器具上，淋上一层薄薄的生铁水，经热处理之后加工成为耐磨、坚韧的生产工具。这是金工史上的一项伟大创新，有些地方至今还在用这种技术加工锄头、铁锹、镰刀、斧头、菜刀等。

（七）国防工业方面，宋应星载述了各种武器的制造技术

《天工开物》中记述了许多武器。如西洋大炮、鸟铳、地雷、混江龙（一

种半自动化水雷）、万人敌（守城毒气弹）。混江龙的创新之处在于，把水雷的信香发火改为钢轮发火，这就大大地提升了点火装置的可靠性以及引发时间的准确性。钢轮发火装置的这种创新发明，至少比西方早两个世纪。

（八）水运交通工具方面，宋应星载述了各种工具和技术

《天工开物》记载了中国最先使用的航行操纵工具——偏披水板。所谓偏披水板，其实是一种船翼。该书记载了古代船工们逆风行船的技术，并且还提出了船舵、船帆互相作用的力学原理问题。

（九）轻化工方面，宋应星载述了各种先进工艺

《天工开物》介绍多种中国传统名产品的先进而独特的工艺，如红曲、食用油（油脂）、食糖、食盐、天然气、造纸、染料、陶瓷、水华朱、黄丹、灯墨和铅粉等。该书记述了中国古代生产红曲的三种先进而独特的技术：一是良种选育法；二是酸度调解法；三是分段加水法。

宋应星在"作咸"中提到了一种创新性技术——舂碓凿井。所谓舂碓凿井，就是用冲击式方法开凿盐井，抽取卤水。宋应星特地提到了一种安有消息（皮质阀门）的竹筒，当竹筒沉陷入井下时，下端的消息受卤水水压冲击而张开，卤水便涌入竹筒内；提筒时，消息又受卤水重力下压而封闭。此即利用力学原理设置的竹筒设备，至今依然在四川自贡等土法制井盐中使用。这种打井技术至少比俄国钻井技术早三个世纪。

宋应星在"丹青"卷中，在总结前人关于由水银和硫黄升炼成朱砂（银朱、硫化汞）的实验数据时，提出了"出数借硫质而生"的独特见解。

这是难能可贵的质量守恒概念的萌芽。但是，有的学者凭借《天工开物》中的"出数借硫质而生"此句言论得出"宋应星已经清楚地认识到了质量守恒

的原理，这比法国科学家拉瓦锡确立质量守恒原理早了 130 多年"的结论。①其实，这种观点是片面的，因为宋应星还没有建立"质量"的概念，更没有化学反应方程式以及对反应物、产物进行近代化学定量分析的概念，当然不可能建立质量守恒的原理。

《天工开物》使分散地流传在民间的、所谓工匠传统的、我国固有的先进技术不至于湮灭，而得以保存和发扬光大。这可以说是他集中国古代科技之大成的光辉贡献。

今天，《天工开物》对我国现代化建设仍具有宝贵的参考价值。今人可运用《天工开物》所记述的工艺原理创造新技术，或者采取新技术对某些老工艺进行改良、革新，让老工艺发扬光大。例如，熔模（失蜡）铸造是我国传统铸造技术之一，《天工开物》对此有详细的记载，并指出了其优点是精密度高，可达到"丝发成就"的效果。西北工业大学张立同教授等人运用熔模铸造原理，创造出无余量熔模精铸工艺体系，从而把我国飞机、舰艇喷气发动机的关键部件——叶片的铸造技术推向世界先进行列，荣获"国家级有突出贡献的科技专家"的称号。

今人又可以以古励今，进行古代珍品的复兴。例如，瓷器，《天工开物》说："中华四裔驰名猎取者，皆饶郡浮梁景德镇之产也。"② 接着，他写到了白瓷、青花、宣红、碎器等珍品的制作工艺。景德镇曾经仿建成明代古窑瓷厂，再现了几百年前的景瓷制作工艺，恢复和创新传统产品几百件，畅销国内外，誉满全球。

第三节　理论的创新

宋应星在理论方面的创新主要体现在：提出许多创新观点；批判了前人的

---

①郭树森.试论宋应星对元气本体论的丰富和发展 [J].江西社会科学，1984（5）：118－122，81.
②宋应星著，夏剑钦校注.天工开物 [M].1 版.长沙：岳麓书社，2022：182.

— 192 —

一些谬论；提出多个科学假说。

一、宋应星提出了许多创新性的观点

宋应星在《天工开物》中表达了许多真知灼见，体现了其渴望创新的精神。几乎所有的读者都发现，《天工开物》的内容渊博，思想深刻，许多内容与思想是以前从未出现过的。假如宋应星仅凭借道听途说，或者只是通过抄袭剽窃和东拼西凑古人的文献资料来撰写此书，是不可能达到这种学术高度的。这证明，宋应星至少对书中所提到的农业、手工业技术进行了扎实的田野调查、科学试验和理论研究，获得了大量的、直接的调查、试验和研究材料，对相关的生产技术、生产设备、生产流程已经了如指掌。同时证明，宋应星在这个长期的调查、试验和研究过程中，是心怀创新激情的，他希望《天工开物》一书有所创新，能言前人之所未言。

《天工开物》所达到的学术高度，不是局限于实事求是地记述下某些农业、手工业的生产技术，而是对许多所涉及的问题进行理论分析，在比较高的站位上提出具有创新性的真知灼见。

在"序"中，宋应星发表了许多高论。他在各卷之首，都发表了一段议论性的文字，有些是对农业、手工业技术问题的综述，有些是对某一范畴农业或手工业技术发展情况的评论。有时候，他会把话题拓展到工农业技术之外，发表一些理论见解和感慨；有时候，他会在正文中发表一些关于工农业技术有关的或者之外的理论见解。宋应星的这些理论见解，表述了一些创新性的思想观点。

在重农抑商风气极端浓厚的古代，宋应星创新性地提出了农工商并重的思想。正如前文所述，他在"乃粒"中提出了重视农业生产的思想。他在"锤锻"篇中说："世无利器，即般、倕安所施其巧哉？"[1] 意思说，如果没有精良

---

[1]中国传统文化读本：天工开物 [M] . 长春：吉林人民出版社，1999：191.

的生产工具，老百姓就不能生产大量的社会财富。这体现了宋应星对手工业的重视。他在《舟车》中说："人群分而物异产，来往懋迁以成宇宙。若各居而老死，何藉有群类哉？……物有贱而必需，坐穷负贩。四海之内，南资舟而北资车。梯航万国，能使帝京元气充然。"① 这表明宋应星主张发展商业，如果没有商业的流通功能，社会的发展将会停滞，国民经济将会受到影响。换言之，宋应星认为大明帝国的实体经济的发展需要农工商并重，缺少其中任何一环，均无法创造出足够的社会财富，将会导致天下大乱。

宋应星认为世界是在不停地发展变化的。首先，他认为自然界是在不停地发展变化的。他在"乃粒"中说："土脉历时代而异，种性随水土而分。不然，神农去陶唐，粒食已千年矣。耒耜之利，以教天下，岂有隐哉。而纷纷嘉种，必待后稷详明，其故何也？"②

翻译成语体文就是：在漫长的时间中，土壤会发生一定的变化，谷物的种类、特点也会随着水质、土壤的变化而发生一定的变化。否则，从远古的炎帝（神农氏）时代到唐尧时代，各种谷物品种已历时一千多年了。炎帝教民众使用耒、耜等工具，这是众所周知的事实。但是后来又诞生了许多新良种，它们一定要等到大禹的大臣、周朝的始祖——后稷才能解释清楚，原因不正是如此吗？

其次，他认为人类社会也是在不断地发展变化的。他认为，由于新材料、新技术的出现，一切生产技术与制作工艺也是在不断发展变化的。如他在"陶埏"中说："商周之际，俎豆以木为之，毋亦质重之思耶！后世方土效灵，人工表异，陶成雅器，有素肌玉骨之象焉。掩映几筵，文明可掬，岂终固哉？"③意思是说：在商朝、周朝，用来载牲的俎、豆等祭祀礼器，都是用木头制作

---

① 宋应星；夏剑钦译注. 利工养农《天工开物》白话图解 [M]. 长沙：岳麓书社，2016，08：150.

② 宋应星. 天工开物 [M]. 北京：蓝天出版社，1999，05：9.

③ 郭超主编. 四库全书精华史部：第 4 卷 [M]. 北京：中国文史出版社，1998：4039.

的，这并非商朝和周朝的人重视质朴的原因。后来，各地都发现了具有不同特点的陶土、瓷土，人工创造出各种技巧奇艺，制成了优美洁雅的陶瓷器皿来代替木制品，有着像绢似的白如肌肤或质地光滑如玉的形象。摆设在桌子、茶几或宴会上，交相辉映，其色泽、图案十分美观，让人爱不释手，这说明，事物是在不停地发展变化的。

宋应星认为一切事务中均包含了阴、阳两个矛盾着的对立面，这也是导致事物发展变化的根本原因。他在"佳兵"篇中说："凡火药，硝性至阴，硫性至阳，阴阳两神物相遇于无隙可容之中。其出也，人物膺之，魂散惊而魄齑粉。"① 意思是说：火药的成分以硝石、硫黄为主，草木灰为辅。其中硝石的阴性最强，硫黄的阳性最强，这两种神奇的阴阳物质在没有一点罅隙的空间内相遇，就会发生爆炸，不管是人还是物都会魂飞魄散、粉身碎骨。

此外，宋应星在许多《卷首语》中都率先强调了某种生产技术的重要价值。"乃粒"篇的《卷首语》，宋应星强调了农业的意义，"粹精""舟车"等篇的《卷首语》都突出了某些机械设备发明家的卓越贡献。在若干《卷首语》中，他还对发明家进行了赞美，比如他称赞发明车的奚仲为神人。宋应星在"锤锻"等篇的《卷首语》中阐述了工具生产的重要意义，在"甘嗜"篇中指出了人类对芳香的气味、美丽的色彩、甘甜的味道的追求是一种正常的欲望。

这些理论见解虽然不属于科技的范畴，但都是具有创新性的远见卓识。

二、宋应星批判了前人的一些谬论

在"陶埏"篇中，宋应星创新性批判了一种这样的谬论：烧制瓷器的一种蓝色颜料——回青的来源是外国。宋应星认为，回青出产于西域（今新疆）等地。

---

①宋应星．天工开物·佳兵·火药料［M］．钟广言，注释．广州：广东人民出版社，1976：394－395.

在"杀青"篇中，宋应星认为造纸术不是东汉曹魏时期的某个人发明的，这种观点是粗浅鄙陋的，是不符合科学常识的。

在"燔石"篇的《卷首语》中，宋应星驳斥了一些炼丹术士的背离实际的主观空谈与故弄玄虚。

这些理论见解体现了宋应星的远见卓识、真知灼见和敢于创新的精神，这是科学工作者必不可少的素质，也是宋应星的伟大之处。

三、提出多个科学假说

恩格斯曾经指出："只要自然科学在思维着，它的发展形式就是假说。"[1]宋应星具有创新精神，敢于提出科学假说。他运用比较法、类比法和积推法（归纳法）等科学方法，提出了以下几种科学假说。

（一）空气振动成声说

关于声音的发声问题，宋应星说："凡以形破气而为声也，急则成，缓则否；劲则成，懦则否。"[2] 这是什么原因呢？他解释说："此所谓气势也。气得势而声生焉。"[3] 宋应星在列举了各种声响之后，归纳出动气成声的观点："静，则气静，而皆无声；动，则气动，而皆有声也。"[4] 换言之，他已经认识到了声音来源于空气的振动。

更可贵的是，关于声音的传播问题，他用类比法由水波推及气波，朦胧地认识到了声音是一种空气的波动："物之冲气也，如其激水然。气与水，同一易动之物。以石投水，水面迎石之位，一拳而止，而其文浪依次而开，至纵横

---

①恩格斯. 自然辩证法［M］. 中共中央马克思恩格斯列宁斯大林著作编译局，北京：人民出版社，1971：218.

②《中华大典》工作委员会，《中华大典》编纂委员会编纂. 中华大典理化典物理学分典·3［M］. 济南：山东教育出版社，2018：15.

③宋应星. 天工开物［M］. 成都：四川美术出版社，2018：262.

④戴念祖，白欣. 中国音乐声学史［M］. 北京：中国科学技术出版社，2018：68.

寻丈而犹未歇。其荡气也，亦犹是焉，特微渺而不得闻耳。"①

宋应星还把声音分为乐声和噪声两大类，而且他已经朦胧地认识到了声波的干涉问题。他说："圣人制乐器，其形多（只）圆而无方；凡器不圆者，其声多（只）厉而不和。"② 究其原因是"中虚之气之应外也，欲其齐至而均集"，这样才有乐声；否则，若"一有方隅，则此趋彼息，此急彼缓，纷游错乱于中，而其声不足闻矣。"③

（二）物质变异说

关于水稻变旱稻的问题，宋应星说："凡稻旬日失水，则死期至，幻出旱稻一种，粳而不黏者，即高山可插，又一异也。"④ 意思是说，水稻缺水 4 天就快要枯萎死亡，从中却变出一种旱稻。这是不黏的粳稻，就算在高山上也可以插秧。这又是一个不同的类型。旱稻是水稻经过人工选择而产生的栽培稻的一个类型，又叫陆稻。籼稻和粳稻两个亚种都有旱稻类型。水稻为什么能变成旱稻呢？宋应星进行理论解释说："种性随水土而分"。⑤ 这显然是物种变异的一种假说。

（三）火质（燃素）说

宋应星认为火是一种物质实体，既有质又有量。他曾经表达过这样的思想：木柴含有一种可燃性物质——火质（燃素）。木柴燃烧的过程就是释放火

---

① 李娇，于元编著．中国历史文化十万个为什么·3［M］．长春：吉林文史出版社，2015，01：350.

② 杨维增编著．宋应星思想研究及诗文注译［M］．广州：中山大学出版社，1987，09：186.

③ 崔自默．为道日损：八大山人画语解读［M］．北京：人民美术出版社，2005，03：160.

④ 张岱年主编．中国哲学大辞典［M］．上海：上海辞书出版社，2010，12：418.

⑤ 宋应星；中共新余市委政策研究室译．天工开物［M］．南昌：江西科学技术出版社，2018.12：3.

质的过程。火质释放完毕，燃烧也就停止了。木炭跟灰烬不一样，因为其还含有火质，所以还可以燃烧。所谓"焚木之有烟也，水、火争出之气也。若风、日功深，水气还虚至于净尽，则斯木独藏火质，而烈光之内，微烟悉化矣……尘埃空旷之间，二气之所充也。火燃于外，空中自有水意会焉。火空，而木亦尽。若穴土闭火于内，火无从出空会合水意，则火质仍归母骨，而其形为炭。此火之变体也。"①

宋应星于崇祯十年（1637 年）提出的火质说，和德国化学家施塔尔（1659—1734 年）于 1703 年提出的燃素说类似。这尽管是一种错误的假说，但它在拉瓦锡创立氧化燃烧学说之前，能对燃烧现象进行理论解释本身就是一种进步，所以有其积极意义。

从古至今，中国便是一个勇于开拓、敢于创新的国度，科技成果曾经傲于世界。中华民族历来是一个最富有创新精神的民族，始终坚持和秉持着"穷则变、变则通、通则久"的精神。② "苟日新，又日新，日日新"，③ 创新精神本身就是中华民族最鲜明的特质。

现在，我们再次宣传和学习《天工开物》，就是在宣扬一种创新精神。在科学技术日新月异的当下，更需要我们具有创新精神。创新是一个民族进步的灵魂，是一个国家兴旺发达的不竭动力。在通往中华民族伟大复兴的征途中，必须敢于创新、不断创新。

第四节　科学思维与科研方法的创新

《天工开物》中洋溢着近代科学所特有的实证精神。宋应星思想进步，他基本上是唯物主义认识论的反映论者，他走的是唯物主义认识路线。他认为实

---

①杨维增. 宋应星思想研究及诗文注译［M］. 广州：中山大学出版社，1987，09：57.

②本书编辑委员会. 易学百科全书［M］. 上海：上海辞书出版社，2018，12：336.

③南怀瑾. 老庄中的名言智慧［M］. 上海：上海人民出版社，2019，07：151.

践是认识的基础，观察试验及其与间接经验相结合，对于认识世界具有重要的意义。宋应星重视实践而轻视空谈，提倡观察试验而反对烦琐的考证，重实用技术而否定神仙方术，这是《天工开物》中特有的实证精神。

宋应星冲破了我国古代科学家狭隘经验论的束缚，摈弃了天人感应、阴阳五行术数的神秘主义，注入了实证分析、定量分析、数学归纳、逻辑推理等科学思维方式，从而为古典科学思想向近代科学思想的发展提供了可能与条件。

宋应星科学方法的核心，就是"穷究试验"：一是重视试验；二是注重实验数据；三是重视归纳、演绎、逻辑推理等科学思维方法。

一、宋应星重视科学试验

宋应星的方法不仅仅停留在观察和见闻上。他比以往科学家更进一步的地方，是他自觉地提出了"穷究试验"的方法——科学实验的方法，并身体力行地去从事科学实验的活动。

试验隶属于创造现象的一种实践。宋应星自觉地提出了试验的方法，即科学实验的方法，并躬体力行地进行了相关科学试验活动。他在"膏液"中提到自己对15种油料作物的出油率做过反复的科学试验与测量，这15种油料作物是：胡麻籽、蓖麻籽、樟树籽、莱菔籽、油菜籽、茶籽、桐子仁、柏树籽、冬青子、黄豆、菘菜（大白菜）籽、棉花籽、苋菜籽、亚麻籽、大麻仁。他说：胡麻籽、蓖麻籽、樟树籽，每石可出油40斤；莱菔籽每石可出油27斤；油菜籽每石可出油30斤（如油菜抚育得好、榨油方法精细，可出油40斤）；茶籽每石可出油15斤；桐子仁每石可出油33斤；柏树籽核和皮膜分开压榨时，就可以得到皮油20斤，水油15斤，混合榨时可得柏混油33斤；冬青子每石可榨油12斤；黄豆每石可榨油9斤；菘菜（大白菜）籽每石可榨油30斤；棉花籽每百斤可榨油7斤；苋菜籽每石可榨油30斤；亚麻籽、大麻仁每石可榨油20多斤。

最后，宋应星发表了一些见解，他说：这里所罗列的仅是一些基本的情况，至于其他油料作物及其出油率，由于尚未进行深入的考察和试验，或者有的油料作物在某些地方进行过考察与试验，但是在其他地方却不清楚，这就有待后来者进行考察、试验和补充记载了。

宋应星关于油料作物出油率的科学实验，体现了他注重归纳和演绎的理性实证精神，在一定程度上已经触摸到近代科学的边缘了。

宋应星还进行过鱼靠水中空气生存的实验。他说："鱼育于水，必借透尘中之气而后生。水一息不通尘，谓之水死，而鱼随之。试函水一匮，四隙弥之，经数刻之久，而起视其鱼，鱼死矣。"① 意思是说：鱼生活在水中，一定要借助穿过土的气后才能活。水在呼吸之间不能吸收陆地上的空气，称之为无生命的水，鱼也随之而死亡。在小箱子里装满水，把一切缝隙都堵塞上，过一段时间，再去观察那些鱼，鱼已经死了。

宋应星除了做了许多类似油料作物出油率和鱼生存靠空气的实验外，他还提出了一个思想实验："人育于气，必旁通运旋之气而后不死。气一息不四通，谓之气死，而大命尽焉。试兀坐十笏阁中，周匝封糊，历三饭之久，而视其人，人死矣。"② 意思是说：人生活在空气中，一定要有流通的空气才能不会死亡。空气在呼吸之间假如不是流通的，就被称为没有活力的气，而且人的生命就会失去。假如一个人独自坐在极小的阁楼中，周围都被密封起来，过三餐饭的时间，再去观察那个人，人一定死亡了。

宋应星认为只有进行了科学的实验，才可以得出科学的结论，所谓"皆须试见而后详之"③。他对投机取巧的机会主义者进行了批判，他说："火药、火器，今时妄想进身博官者，人人张目而道，着书以献，未必尽由试验。"④ 宋应星认为，假如不通过实证分析，即不进行相关的科学实验，那么就不是真正

---

①《国学典藏书系》丛书编委主编．天工开物·青花典藏·珍藏版［M］．长春：吉林出版集团有限责任公司，2010.12：267.

②蔡呈腾．科学史上的动人时刻 谁是主宰者［M］．天津：天津科学技术出版社，2018，06：209.

③迟双明．天工开物全鉴［M］．北京：中国纺织出版社，2020，04：272.

④李敖．古玉图考 营造法式 天工开物［M］．天津：天津古籍出版社，2016，11：400.

的科学研究。

众所周知，科学实验不是对客观自然界进行纯粹的观看与考察。科学实验是利用技术手段这种中介，通过对自然进程、自然现象、相关材料的人工改变与掌控，让客观对象以代表性的形态出现在实验者与观看者的眼前。实验的结果可以根据需要进行多次重复，但观察则不可以。近代科学与古代科学的区分界限就在这里。就其形态的完整性而言，近代的科学实验主要产生在欧美等国家。但在明末清初，宋应星、朱载堉、徐光启等学者在一定程度上认识到了科学实验的价值和意义，从各个维度接近了近代科学方法的殿堂。例如，朱载堉在《律历融通·黄钟历议》中提到历法研究时说："欲工匠密，则须依凭象器测验天。"[①] 朱载堉还在《律学新说·密率求圆幂第一》中提出了试验的概念。徐光启提出了责实工匠的概念。

二、宋应星注重实验数据，重视用数量关系和定量分析来阐述科学理论

《天工开物》全书中，一共记录了130多项技术数字、经济数字，其中包括农业生产方面的农时、田间管理、单产数量，手工业方面的各种生产器械的大小尺寸，材料的消耗，使用的寿命，材料的成分配方，经济效率以及各种物质的物理性质，各种工农业产品的长度、宽度、高度、深度、重量、容积、比率等技术经济数据，他都作了精准明确的记述，这些数据均是他运用了数量、比重等数学、物理的方法身体力行科学实验的结果。这也在很大程度上增加了《天工开物》一书的科学价值。

例如，宋应星曾经对金、银、铜这三种金属进行了等体积的重量测试。他发现：假定每立方寸铜的重量为 1.2 两（一两二钱），那么每立方寸银的重量为 1.3 两；如果假定每立方寸银的重量为 1 两，那么每立方寸金的重量为 1.2

①董光璧．传统与后现代 科学与中国文化［M］．济南：山东教育出版社，1996：104．

两。这说明宋应星已经有了比重概念的萌芽了。

又如，宋应星在记述锄头的锻造技术的时候说，锄头锻炼好了之后，要"熔化生铁淋口"，并且他指出：锄头每重 1 斤，"淋生铁三钱为率，少则不坚，多则过钢而折"。宋应星在此说明了锄头和生铁的重量比为 1∶0.03，这个比例是保证锄头质量的重要数据。

再如，宋应星在"丹青"章中说："每升水银一斤，得朱十四两，次朱三两五钱"，共得朱砂（硫化汞）十七两五钱。一斤水银为十六两，增多的部分是"出数硫质而生"。据科学家潘吉星研究，也就是"16 两水银进行提炼，可得上等的朱砂 14 两，次等的朱砂 3.5 两，共 17.5 两，多出来的重量是从参与化学反应的硫那里得到的"。这是十分符合近代化学原理的解释。据我们用现代化学方程式计算，586.9 克（16 两）水银与硫进行化学反应之后，可得到朱砂（硫化汞）的理论量为 692 克（18.56 两），而宋应星所记述的只比理论量少了 1.06 两。① 宋应星关于水银和硫化合之后的实验，不但说明他已经认识到了朱砂（硫化汞）是水银和硫的化合物，而且还有了数学概括、定量分析、质量守恒思想的萌芽。

三、宋应星在科学实验的基础上，重视归纳、演绎、逻辑推理等科学思维方法推导出科学结论

宋应星除了对科学实验进行演绎、逻辑推理外，他还对劳动人民在工农业生产实践中总结出来的经验进行演绎、逻辑推理，从而归纳总结出一些科学规律、科学结论。例如，宋应星对锤打铜坯成锣进行了科学的归纳总结、演绎和逻辑推理。他说："声分雌与雄（高与低），则在分厘起伏之妙，重数锤者其声为雄。"也就是说，用比较大的力气锤打铜坯让铜锣变薄，所以其声音便变低

---

① 潘吉星. 宋应星评传·第九章·科学思想 [M]. 南京：南京大学出版社，1990，12：220.

沉了；反之，用较小的力气锤打铜坯让铜锣变厚，所以其声音便变得高亢了，这也是符合科学原理的。

成就卓著的《天工开物》之所以具有很高的科学价值、学术地位，正是因为宋应星创新了科研方法。中国近代著名的学者丁文江在认真研究《天工开物》和宋应星之后说："先生（指宋应星）之学，其精神与近世科学方法相暗合。"① 可以说，他的评论是十分中肯的。

总之，宋应星创新了科研方法。他认为要认识自然界及其规律，获得自然界形成万物的工巧与法则，科学研究就至少要分两步走。第一步，通过见闻、调查、试验、测试等实践程序，以获得相关数据、资料以及感性认识。第二步，在上述基础上，对相关数据、资料与感性认识进行归纳、演绎、逻辑推理、穷理、探究事物之间的内在联系，从而获得自然界及其规律，获得自然界形成万物的工巧与法则。宋应星把简单的工农业生产经验事实与相关数据提到理论系统的高度上来，在一定程度上表现了注重归纳、演绎和逻辑推理的理性实证精神，从而摸索到了近代科学的边际。

当然，因为时代与条件的局限，宋应星在科学思想、科学方法、科学理论等范畴均还未能彻底突破古典科学的模式，他依然利用气、阴阳五行、天人合一的概念来解释各种自然现象，依然局限于一种直观类比、观物取辨的认识与诠释路径，尽管他用文字、图形和定量关系比较准确、清晰地记述了各种工农业生产技术及经验，然而基本上未能超出经验的层面，还缺少清晰、明确的概念、判断、推理来构建其理论体系，还未能升华到近代科学的、系统的理论体系，其经验认识与理论抽象之间是脱节的。所以，宋应星在对具体自然现象进行解释的时候，依然存在神秘色彩。比如说，他在《天

---

① 李宁．江苏历代文化名人传［M］．南京：江苏人民出版社，2020，03：126.

工开物》中认为，珍珠是"映月成胎"，蚌孕珠是"取月精以成其魄""金银受日精"等。当然，虽然我国没有产生如同欧美那样系统的近代科学，但宋应星等科学家、思想家已经认识到了科学实验的价值，一洗晚明时期空疏不实的学风，为我国古典科学注入了实证分析、定量分析、数学归纳和逻辑推理的科学思维方式，已经走进了近代科学的殿堂。

第十章　工匠精神

作为中华优秀传统文化重要组成部分的工匠精神，其基本内涵主要是无私奉献、爱岗敬业、求真务实、执着专注、一丝不苟、精益求精、追求卓越。"无私奉献、爱岗敬业"属于工匠们的思想，"求真务实、执着专注、一丝不苟"属于工匠们的行动，"精益求精、追求卓越"属于工匠们追求的目标。《天工开物》的书名、撰写过程和内容均彰显了上述工匠精神。

第一节　书名闪耀工匠精神

有道是：秧好一半谷，题好一半文。文章的标题具有十分重要的价值。如果说眼睛是心灵的窗户，那么标题就是文章的眼睛。深刻、新颖、明确、富有哲理、发人深省的文章题目，可以给读者带来极大的视觉冲击力，能很快地吸引读者的眼球，为文章奠定成功的基础。清末民初的翻译家林纾也说："故作文须求好题目，有正言，亦易于立干，易于传色。"①

共有 57151 个字的《天工开物》这篇长文，其标题散发着深刻的哲学内涵，具有广博的科学价值、人文价值和时代价值，必将为我们认识世界、改造世界提供许多有益的启示。其含义是：人力凭借自然力开发、创造物质财富。"天工"来源于《尚书·皋陶谟》，意思是"自然力"；"开物"来源于《周易·系辞上》，意思是"开发、创造物质财富"。

人类要开发、创造各种生产、生活资料，就必须具有无私奉献、爱岗敬业、求真务实、执着专注、一丝不苟、精益求精、追求卓越的工匠精神。一是

---

①江中柱．林纾集 5［M］．福州：福建人民出版社，2020：10.

人类要用工匠精神来认识自然、社会和人类思维的发展本质及其客观规律；二是人类要用工匠精神开发、创造出各种生产资料、生活资料。换言之，无论是认识世界还是改造世界，人类均必须具备无私奉献、爱岗敬业、求真务实、执着专注、一丝不苟、精益求精、追求卓越的工匠精神。

第二节　撰写贯穿工匠精神

宋应星从积累资料到动笔撰写《天工开物》，历时几十年之久，他在撰写此书的过程中，充分体现了无私奉献、爱岗敬业、求真务实、执着专注、一丝不苟、精益求精、追求卓越的工匠精神。

一、宋应星在撰写构思过程中，深受底层劳动工匠的拥护

宋应星从小生活在农业、手工业比较发达的南昌府奉新县，其高祖父宋迪嘉便是通过蚕桑业发家致富的，其亲外祖父魏鸿兴是农民，嫡外祖父甘学圣家有大片竹林，通过经营土纸制造业获得了可观的收入。所以，他从童年起就对农业、手工业生产比较感兴趣。晚明经世致用的实学浪潮在学界汹涌澎湃，沈括的《梦溪笔谈》、王祯的《农书》、李时珍的《本草纲目》在许多书店可以买到，宋应星对这些实学书籍十分感兴趣。

从万历四十四年（1616 年）至崇祯四年（1631 年）的十五六年内，他和兄长宋应升六次北上参加会试，均名落孙山。从此，他开始转向实学，希望专注于实学，解决人民衣、食、住、行、用的问题，养工利农，实现自己的济世安民的理想。为此，他把自己的书斋改为"家食之问堂"。"家食之问"的典故来源于《周易·大畜》："不家食，吉，养贤。"① 意思是说：要给德才兼备的贤能之人官位、俸禄，以蓄养贤能者，而不让其在家务农、务工、经商谋生。宋应星用此典是反其意而用之，意思是：他要在家里研究自食其力的实学，而

①张金磊.周易记忆法［M］.北京：团结出版社，2021：391.

不再依靠官府的薪俸谋生。

　　宋应星是一个有心人，他早在六次北上京城参加会试的往返途中，就开始进行田野调查，搜集农业、手工业、矿冶业的生产技术。例如，他在安徽芜湖调查过印染业，在北京调查过琉璃瓦、土砖的生产技术，在山西调查过池盐、炼倭锡（锌）的生产技术。后来，他到过其兄宋应升、其恩师邓良知、其友涂伯聚任职的地方进行调查研究。他在嘉兴、苏州、杭州调查过蚕桑和丝织业技术，在松江府调查过棉纺织业技术，在福建调查过土纸、珠玉生产技术，在广东调查过蔗糖生产技术，到河南调查过红衣大炮生产技术，到云南调查过白银、锡冶炼技术。此外，他还到过今四川、湖北、湖南、河北、内蒙古、辽宁、山东、江苏、新疆等地进行田野调查。他在上述地方，不耻下问，和农民、工匠请教，获得了许多书本上学不到的技术、秘诀。多彩多姿的农业、工业、矿冶业生产实践和技术，让他大开眼界，获得了大量的写作资料。

　　宋应星在分宜任教谕前后有四年之久——崇祯七年（1634年）至崇祯十一年（1638年），他手下还有两位司训，知县曹国祺对他比较支持，加上宋应星有治国理政的才能，能够举重若轻，所以他有许多时间进行田野调查。《天工开物》中所提到的130多种技术、100多种产品，在分宜基本上均有。为此，宋应星经常在分宜采访农夫、工匠、船夫、矿工，并把采访的内容分门别类地记载下来。

　　分宜县的农夫对他说："司训大人，从古到今，许多官老爷都瞧不起我们，把我们当作下贱之人，您却和他们不同，竟然要记载我们的技术，您真是大好人！"分宜县的工匠们对他说："司训大人，衣服是我们制作的，副食品是我们加工出来的，房屋是我们建筑的，舟车是我们制造的，各种生产、生活用品是我们创造出来的。人们所需要的衣、食、住、行、用均离不开我们，官老爷们有什么理由瞧不起我们呢？您冲破世俗观点，站出来为我们说话，我们敬佩您，希望您一直坚持下去。"

宋应星在撰写《天工开物》的过程中，从农民、匠人、船夫、矿工等底层劳动人民的生活和言论中获得了许多灵感和启迪，增加了自信心和精神力量。

二、宋应星撰写《天工开物》的态度上体现了工匠精神

宋应星和许多实学思想家一样，对空谈、虚浮的学风十分反感。他认为理学、心学空谈心性道德、儒家经典，迂腐而不切实际，对国计民生、经世致用、安邦定国的学问一窍不通，导致国家一天天走向衰落。他认为一些腐儒把四书五经、八股文章作为谋求高官厚禄的敲门砖，只是一群口是心非、言行不一的精致利己主义者。

宋应星在任教谕期间，年俸很少，只有 36 石大米，即每个月只有 450 市斤大米，就按 3 元/市斤计算，一个月的薪水才相当于现在的 1350 元。然而，宋应星不因为俸禄微薄而自暴自弃，而是专注于实学，无私奉献、爱岗敬业、求真务实、执着专注、一丝不苟、精益求精、追求卓越。

宋应星在《天工开物·序》中说："为方万里中，何事何物，不可见见闻闻。"[①] 他在地域辽阔、面积达到几百万平方公里的大明帝国，到处用眼睛看，用嘴巴问，用耳朵听，用舌头尝，用鼻子嗅，用心灵去感悟，并分门别类地记载下来。换言之，《天工开物》一书 57151 字除了少部分是参考了《农书》《本草纲目》《梦溪笔谈》《考工记》等文献资料外，大部分是通过实地调查而来的。

宋应星十分重视生产数据。《天工开物》除了效仿郑樵、王祯用技术图表达具体的技术方法、技能、工具设备外，他还效仿战国时期齐国工匠撰写的《考工记》、沈括撰写的《梦溪笔谈》、朱载堉撰写的《律吕精义》、陈确撰写的《古农说》、张履祥撰写的《补农书》、沈氏撰写的《沈氏农书》，用

---

① 宋应星；夏剑钦译注．利工养农《天工开物》白话图解［M］．长沙：岳麓书社，2016：1.

技术数据载述工农业生产技术。例如，他在介绍水稻种植技术时用到了精准的数据，"秧生三十日即拔起分栽。若田亩逢旱干、水溢，不可插秧。秧过期，老而长节，即栽于亩中，生谷数粒，结果而已。凡秧田一亩所生秧，供移栽二十五亩。凡秧既分栽后，早者七十日即收获（粳有救公饥、喉下急，糯有金包银之类，方语百千，不可殚述），最迟者历夏及冬二百日方收获。"① 他在介绍糖车时用到了许多技术数据，"凡造糖车，制用横板二片，长五尺，厚五寸，阔二尺，两头凿眼安柱，上榫出少许，下榫出板二三尺，埋筑土内，使安稳不摇。上板中凿二眼，并列巨轴两根，木用至坚重者。轴木大七尺围方妙。两轴一长三尺，一长四尺五寸，其长者出榫安犁担。担用屈木，长一丈五尺，以便驾牛团转走。……蔗过浆流，再拾其滓，向轴上鸭嘴扱入，再轧，又三轧之，其汁尽矣，其滓为薪。其下板承轴，凿眼，只深一寸五分，使轴脚不穿透，以便板上受汁也。其轴脚嵌安铁锭于中，以便捱转。凡汁浆流板有槽枧，汁入于缸内。每汁一石下石灰五合于中。"② 这些带有具体数据的说明文加上技术图，工匠们便可以依此制造出糖车（见图10-1）。

①宋应星；夏剑钦译注. 利工养农《天工开物》白话图解［M］. 长沙：岳麓书社，2016：4.
②宋应星；夏剑钦译注. 利工养农《天工开物》白话图解［M］. 长沙：岳麓书社，2016：108—109.

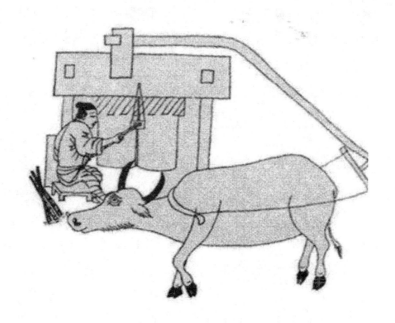

图 10-1 糖车

宋应星在载述各种工农业技术时，使用各种数据，体现了《天工开物》的精准性、实用性、科学性和可操作性，工匠们依此便可以效仿、生产、制造，从而让古代的工农业生产技术得以流传、普及。

宋应星在获得这些数据的过程中，便体现了他无私奉献、爱岗敬业、求真务实、执着专注、一丝不苟、精益求精、追求卓越的工匠精神。

三、宋应星撰写《天工开物》的方法体现了工匠精神

宋应星在进行田野调查的时候，体现了他无私奉献、爱岗敬业、求真务实、执着专注、一丝不苟、精益求精、追求卓越的工匠精神。例如，他在调查景德镇烧制白瓷的生产技术时说，制作白瓷需要 72 道工艺流程，并且把这 72 道工艺流程载述得十分生动、清晰，所谓"共计一坯工力，过手七十

二方克成器，其中微细节目尚不能尽也。"① 这些均充分体现了其求真务实、执着专注、一丝不苟、精益求精的工匠精神。

宋应星通过科学实验研究工农业生产技术，体现了他无私奉献、爱岗敬业、求真务实、执着专注、一丝不苟、精益求精、追求卓越的工匠精神。例如，他通过科学实验，说明了各种油料的出油率。所谓"凡胡麻与蓖麻子、樟树子，每石得油四十斤。莱菔子每石得油二十七斤。（甘美异常，益人五脏。）芸苔子每石得油三十斤，其耨勤而地沃、榨法精到者，仍得四十斤。（陈历一年，则空内而无油。）茶子每石得油一十五斤。（油味似猪脂，甚美，其枯则止可种火及毒鱼用。）桐子仁每石得油三十三斤。柏子分打时，皮油得二十斤，水油得十五斤，混打时共得三十三斤，（此须绝净者。）冬青子每石得油十二斤。黄豆每石得油九斤。（吴下取油食后，以其饼充豕粮。）菘菜子每石得油三十斤。（油出清如绿水。）棉花子每百斤得油七斤。（初出甚黑浊，澄半月清甚。）苋菜子每石得油三十斤。（味甚甘美，嫌性冷滑。）亚麻、大麻仁每石得油二十余斤。此其大端，其他未穷究试验，与夫一方已试而他方未知者，尚有待云。"② （见图10－2）。

<hr>

① 宋应星；夏剑钦译注. 利工养农《天工开物》白话图解 ［M］. 长沙：岳麓书社，2016：126.

② 宋应星；夏剑钦译注. 利工养农《天工开物》白话图解 ［M］. 长沙：岳麓书社，2016：190—191.

图 10-2　南方榨（a）

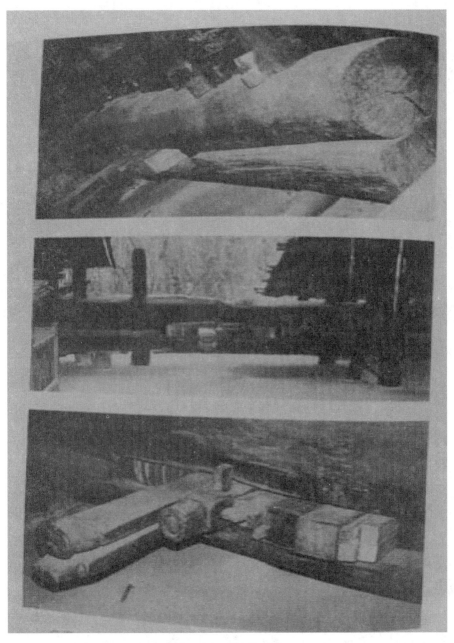

图 10-2　南方榨（b）

他通过反复的考察、实验得出了锻造锄头、宽口锄（镈）所用到的生铁淋口技术，所谓"凡治地生物，用锄、镈之属，熟铁锻成，熔化生铁淋口，入水淬健，即成刚劲。每锹、锄重一斤者，淋生铁三钱为率，少则不坚，多则过刚而折。"[①] 熟铁其实是一种含碳量小于2.11%的、生铁升级版的铁碳合金钢材，它的质地比较柔软、抗拉强度比较大，塑性和延展性好，可以锻造、焊接成器物，缺点是强度、硬度比较低，生铁的含碳量大于2.11%，其优点是坚硬、耐磨、铸造性好，缺点是比较脆，不可锻压制造器物。锄、镈主体用熟铁锻压而成，其口由生铁组成。锻造锄、镈时，生铁和熟铁的比例为3钱（15克）：1市斤（500克），即3：100。如果没有求真务实、反复实验、执着专注、一丝不苟、精益求精的工匠精神，宋应星是无法获得这个数据的。

第三节　内容渗透工匠精神

《天工开物》内容博大精深、源远流长，宋应星用57151个汉字和123幅技术图，介绍了和百姓生产、生活密切相关的吃、穿、住、行、用范畴的130多种技术，对每种技术的工艺流程、技能和生产经验、工具设备等进行了精准的载述、说明。这些文字、技术图均体现了宋应星无私奉献、爱岗敬业、求真务实、执着专注、一丝不苟、精益求精、追求卓越的工匠精神。

一、宋应星推崇爱岗敬业、勤劳刻苦

宋应星在《天工开物》中说："勤农粪田，多方以助之。……勤农作苦，明赐无不及也。……耕种之后，勤议耨锄。凡耨草用阔面大镈，麦苗生后，耨不厌勤，（有三过四过者。）余草生机尽诛锄下，则竟亩精华尽聚嘉实矣。功勤易耨，南与北同也。……凡大豆视土地肥硗、耨草勤怠、雨露足悭，分

---

①宋应星；夏剑钦译注. 利工养农《天工开物》白话图解［M］. 长沙：岳麓书社，2016：169.

收入多少。……凡腾笼勤苦，皆视人工。……来春移栽，倘灌粪勤劳，亦易
长茂。……凡麦经磨之后，几番入罗，勤者不厌重复。……稍怠不勤，立受
朽解之患也。……凡造酒母家，生黄未足，视候不勤，盥拭不洁，则疵药数
丸动辄败人石米。"①

从上文可知，宋应星认为，水稻、小麦、大豆、蚕茧、面粉、弓箭、酒曲
的生产，最需要劳动者的勤劳刻苦、敬业爱岗。

宋应星认为人的技术由法、巧、器组成，所谓法就是操作规范、工作方
法，所谓巧就是技能、经验和诀窍，所谓器就是工具和生产设备。工匠要掌握
一定的技能、经验和诀窍，不能靠侥幸心理、偷懒耍滑，而要通过无私奉献、
爱岗敬业、求真务实、执着专注、一丝不苟、精益求精、追求卓越的工匠精
神，在生产实践中认识生产技术中的客观规律、原料的基本性质，否则就会画
虎类狗、适得其反。

二、宋应星尊重农夫、工匠、船夫、矿工等劳动人民

宋应星尊重农夫们。他称赞为社会提供衣食之源的农夫是"神农"，且对
轻视农民的所谓"精英"们表示不满。他说："纨绔之子，以赭衣视笠蓑；经
生之家，以农夫为诟詈。晨炊晚饷，知其味而忘其源者众矣！夫先农而系之以
神，岂人力之所为哉！"②宋应星赞美农民，说老农是"谨视天时，在老农心
计也。"③

《天工开物》中关于"吃""穿"技术的文字和图片比较多，约占全书的一
半，而且放在该书的上册，充分体现了宋应星重农爱民的思想。

宋应星尊重工匠们。他赞美工匠说，纺织工人是"工匠结花本者，心计最

①宋应星；夏剑钦译注．利工养农《天工开物》白话图解［M］．长沙：岳麓书社，
2016：5，11－12，15，31，32，73，235，263.

②宋应星；夏剑钦译注．利工养农《天工开物》白话图解［M］．长沙：岳麓书社，2016：3.

③宋应星；夏剑钦译注．利工养农《天工开物》白话图解［M］．长沙：岳麓书社，2016：6.

精巧"①，陶瓷工人"功多业熟，即千万如出一范。……后世方土效灵，人工表异，陶成雅器，有素肌玉骨之象焉"②。铸造工人是"此塑匠最精，差之毫厘则无用"③，水碓工人是"江南信郡水碓之法巧绝。……又有一举而三用者，激水转轮头，一节转磨成面，二节运碓成米，三节引水灌于稻田，此心计无遗者之所为也"④。船夫是"舵工一群主佐，直是识力造到死生浑忘地，非鼓勇之谓也"⑤。铁匠是"每锹、锄重一斤者，淋生铁三钱为率，少则不坚，多则过刚而折"⑥。煤炭工人是"凡取煤经历久者，从土面能辨有无之色，然后掘挖，深至五丈许方始得煤"⑦。榨油工人是"能者疾倾，疾裹而疾箍之，得油之多，诀由于此"⑧。打金箔工人是"凡乌金纸由苏、杭造成，其纸用东海巨竹膜为质。用豆油点灯，闭塞周围，止留针孔通气，熏染烟光而成此纸。每纸一张打金箔五十度，然后弃去，为药铺包朱用，尚末破损，盖人巧造成异物也"⑨。制墨工人是"凡熬油取烟，每油一斤得上烟一两余。手力捷疾者，一

---

①宋应星；夏剑钦译注．利工养农《天工开物》白话图解［M］．长沙：岳麓书社，2016：43.

②宋应星；夏剑钦译注．利工养农《天工开物》白话图解［M］．长沙：岳麓书社，2016：125，119.

③宋应星；夏剑钦译注．利工养农《天工开物》白话图解［M］．长沙：岳麓书社，2016：139.

④宋应星；夏剑钦译注．利工养农《天工开物》白话图解［M］．长沙：岳麓书社，2016：71.

⑤宋应星；夏剑钦译注．利工养农《天工开物》白话图解［M］．长沙：岳麓书社，2016：156.

⑥宋应星；夏剑钦译注．利工养农《天工开物》白话图解［M］．长沙：岳麓书社，2016：169.

⑦宋应星；夏剑钦译注．利工养农《天工开物》白话图解［M］．长沙：岳麓书社，2016：179.

⑧宋应星；夏剑钦译注．利工养农《天工开物》白话图解［M］．长沙：岳麓书社，2016：192.

⑨宋应星；夏剑钦译注．利工养农《天工开物》白话图解［M］．长沙：岳麓书社，2016：210.

人供事灯盏二百付。"① 琢玉工人是"玉工辨璞高下定价，而后琢之。良玉虽集京师，工巧则推苏郡。"②

《天工开物》的许多言论均体现了宋应星对农夫、工匠、船夫、矿工等底层劳动人民发自内心的尊重和礼赞，正因为他尊重劳动人民，所以他才能获得劳动人民的帮助，无私地把各种工作技能、经验、诀窍告诉他，从而让他积累了许多资料，为撰写不朽名篇——《天工开物》奠定了扎实的基础。

三、宋应星用精细的工程技术图载述科技知识

宋应星效仿李诚的《营造法式》、郑樵的《通志》、王祯的《农书》、李时珍的《本草纲目》、王徵的《新制诸器图说》，在《天工开物》中插入了123幅工程技术图。这些白描工程技术图所占的篇幅比文字还有多一些。它们或是器物，或是工艺流程，均栩栩如生，惟妙惟肖，跃然纸上。凡是能用图片说明的技术，文字均比较简略。如《天工开物·佳兵·火器》中关于万人敌、地雷、地雷炸、混江龙、混江龙炸、八面转百子连珠炮、吐焰神毯、神烟炮、神威大炮、流星炮等，不但对说明文字进行了补充说明，而且对文字没有涉及的，也进行了形象生动、逼真直观的展现。这些工程技术图完全把上述火器的制造、结构表现出来了。这些工程技术图，不是画蛇添足的点缀，而是一种形象化的表达方式，也增加了该书的内容，同时拓宽了读者的视野。

这些工程技术图体现了宋应星无私奉献、爱岗敬业、求真务实、执着专注、一丝不苟、精益求精、追求卓越的工匠精神。

---

①宋应星；夏剑钦译注 . 利工养农《天工开物》白话图解［M］. 长沙：岳麓书社，2016：256.

②宋应星；夏剑钦译注 . 利工养农《天工开物》白话图解［M］. 长沙：岳麓书社，2016：273.

四、宋应星对器物进行考证

一方面，《天工开物》介绍了 130 多种技术，对每一种技术的工艺流程、操作方法和规范、原材料、技能与经验、生产工具和设备等，均进行了详细的介绍。

另一方面，《天工开物》对农业、手工业、矿冶业的 100 多种器物进行载述、记录、说明，对其中的部分器物及其制作工艺史等，进行了一定的考证。例如，他在《天工开物·陶埏》中介绍窑变、回青时便进行了工艺史的考证。他说："正德中，内使监造御器。时宣红失传不成，身家俱丧。一人跃入自焚。托梦他人造出，竞传窑变，好异者遂妄传烧出鹿、象诸异物也。又回青乃西域大青，美者亦名佛头青。上料无名异出火似之，非大青能入洪炉存本色也。"①

总之，《天工开物》中蕴藏着无私奉献、爱岗敬业、求真务实、执着专注、一丝不苟、精益求精、追求卓越的工匠精神，这些工匠精神长期被中国人民在生产中传承、弘扬和践行着，它们是中华优秀传统文化的重要组成部分，也是新时代中国式现代建设的动力之源。

---

①宋应星；夏剑钦译注. 利工养农《天工开物》白话图解［M］. 长沙：岳麓书社，2016：128.

第十一章　和谐理念

《天工开物》的和谐理念具体体现在以下几个方面：一是自然和人类的关系，即"天"与"人"的关系，自然有着自己固有的、客观的规律。天和人是共存共荣、彼此共生与作用的关系，天与人必须保持良性的互动。二是人类在遵循客观自然规律进行生产活动的时候，也要发挥其主观能动性——天人合一、取之有道、用之有度、废物利用、循环不止，以推动经济与社会的可持续发展。

第一节　天人合一

宋应星认同古人天人合一的观点，认为人类是自然界这个大系统中的一个子系统，是一荣俱荣、一损俱损的关系，伤害自然就是在间接地伤害人类自己，保护自然就是在间接地保护人类自己。自然界的发展、变化，有着固有的、客观的规律，在获取自然资源开发物产的时候，人工和天工应该和谐互动。

一、天与人的关系

古代关于天与人的关系主要有三种：第一种，天人感应说。第二种，天人相分说。第三种，天人合一说。

（一）天人感应说

《尚书·大诰》中记载了周公姬旦的一段话，便体现了天人感应的思想。姬旦说："敷贲敷前人受命，兹不忘大功。予不敢于闭。天降威，用宁王遗我大宝龟，绍天明。即命曰：'有大艰于西土，西土人亦不静，越兹蠢。殷小腆诞敢纪其叙。天降威，知我国有疵，民不康，曰：'予复！反鄙我周邦，今蠢今翼。日，民献有十夫予翼，以于敉宁、武图功。我有大事，休？'朕卜并吉。"① 约在公元前 1042 年至公元前 1040 年，姬旦准备东征，以平定反叛的殷商残余势力商纣王的儿子武庚和周文王的三位逆子——姬鲜（管叔）、姬度（蔡叔）、姬处（霍叔）。姬旦便用大宝龟占卜以明白天的思想。姬旦所指的"天"便是掌握了周王朝命运的天神，和天神相对应的便是多灾多难的周王朝的人民。这种"天"和"人"相互对应的情况，便是一种天人感应。

（二）天人相分说

荀子认为天（自然界）和人类各有自己的一套系统和发展规律，他认为天神能掌握人类命运和前途的说话是错误的。

（三）天人合一说

董仲舒等人认为，天（自然界）和人类之间是对立统一的关系，自然界的活动和人类的活动必须和谐、统一。道家的庄子认为，天（宇宙）和人之间可以通过"道"而互相感应、融合。

二、自然界的重要作用

宋应星尊重、感恩自然，他认为天（自然界）通过自然力创造了丰富的资源供人们开发、利用，这也是人类生存的前提条件和物质基础。

宋应星认同道家老子的观点，认为天地之间的"道"是宇宙中一切事物的本原和基础，它能创造出丰富的自然资源。他说："天覆地载，物数号万，而事亦因之，曲成而不遗，岂人力也哉？"②

---

①屈万里；黄沛荣整理．读易三种 [M]．上海：上海辞书出版社，2017：280.
②宋应星；夏剑钦译注．利工养农《天工开物》白话图解 [M]．长沙：岳麓书社，2016：1.

三、自然界的客观规律

宋应星是朴素唯物主义者，他认为天（自然界）是独立的，其运行、发展、变化不以人类的意志而改变。人类必须对天（自然界）保持感恩、尊重的态度，人利用自然资源和自然力开发物产的时候必须遵循自然规律。

宋应星认为：食盐、毛竹、楮树等都是神奇的自然界利用自然力创造出来的。

他在《天工开物·作咸》中说："宋子曰：天有五气，是生五味。润下作咸，王访箕子而首闻其义焉。"① 意思是说：自然界中有金、木、水、火、土这五种气，于是相对应地产生了辣味、苦味、甜味、酸味、咸味。各种水流向土壤中渗透，最后聚集成了食盐。

宋应星在《天工开物·杀青》中说："所谓'杀青'，以斩竹得名；'汗青'以煮沥得名；'简'即已成纸名，乃煮竹成简。"② 他认为，作为造纸原料之一的毛竹是神奇的大自然运用自然力创造出来的，对其运用必须遵循毛竹的属性及其固有的客观规律。

宋应星对人类获取楮树皮的活动，也认为必须遵循其属性及其固有的自然规律。他说："凡楮树取皮，于春末夏初剥取。树已老者，就根伐去，以土盖之。来年再长新条，其皮更美。"③

四、人工和天工的互动

宋应星认为人力和自然力必须结合起来开发物产、生产出人类必需的生产和生活资料，人类不能守株待兔地等候自然界的恩赐、给予，而必须去发挥人

①宋应星；夏剑钦译注．利工养农《天工开物》白话图解［M］．长沙：岳麓书社，2016：88.

②宋应星；夏剑钦译注．利工养农《天工开物》白话图解［M］．长沙：岳麓书社，2016：198.

③宋应星；夏剑钦译注．利工养农《天工开物》白话图解［M］．长沙：岳麓书社，2016：201

力的作用进行劳动生产。他认为人类需要吃粮食，但粮食不会自己从田野中长出来，而必须通过农业生产来获得。换言之，自然界为我们提供了许多生产和生活资料，我们的生存必须依赖它们，但是大多数生产和生活资料只是原材料，人们要对其进行加工才能为我所用。所谓"生人不能久生而五谷生之，五谷不能自生而生人生之。"①

宋应星在《天工开物·五金》中提到了利用金属属性从杂银中提炼纯银的技术，他说："凡银为世用，唯红铜与铅两物可杂入成伪。然当其合琐碎而成钣锭，去疵伪而造精纯，高炉火中，坩锅足炼。撒硝少许，而铜、铅尽滞锅底，名曰银锈。其灰池中敲落者，名曰炉底。将锈与底同入分金炉内，填火土甑之中，其铅先化，就低溢流，而铜与粘带余银，用铁条逼就分拨，并然不紊。人工、天工亦见一斑云。"② 铅、红铜、银子的熔点不同，铅的熔点为327.46 摄氏度，红铜的熔点为 1083 摄氏度，白银的熔点为 961.93 摄氏度。在分金炉中，把含有铅、红铜、白银的杂银进行熔炼，熔点最低的铅先液化流出炉外。剩下的红铜、白银的熔点虽然只相差约 121 摄氏度，但两者很难形成合金，只需要用铁条把红铜、白银分开即可获得纯粹的白银。这便是从杂银中提炼纯银的工艺流程，根据三种金属的熔点，加上人力的技法、技能和工具设备，便能成功地提炼出纯度比较高的白银，这也是人力和自然力巧妙结合而开发物产的一个典型案例。

总之，宋应星认同"天人合一"的观点，此观点贯穿《天工开物》全书。他认为，自然界是可以认识的，人类只要认识并顺应其规律，并把人力和自然力结合起来，发挥主观能动性地去开发物产，就可以民生幸福。

①宋应星；夏剑钦译注．利工养农《天工开物》白话图解 [M]．长沙：岳麓书社，2016：3.
②宋应星；夏剑钦译注．利工养农《天工开物》白话图解 [M]．长沙：岳麓书社，2016：213.

第二节　取用资源有道

人类在获得、使用自然资源的时候，要遵从客观规律、生态伦理，要有所节制，不能过度消耗和浪费自然资源，所谓"取之有道，用之有度"。换言之，人类在推动经济与社会的发展同时要考虑到自然界的承载力、要保持整个生态链的完整而不被破坏。

一、要考虑到自然界的承载力

宋应星认为，对自然资源的获取、开发要考虑到自然界的承载力，不可竭泽而渔、杀鸡取卵、一锤子买卖，因为有些化石资源在地球上的存储量是定额的，用一点便少一点。就是可再生资源——河珠、海珠等，也有一定的生产周期。宋应星认为，广西雷州、廉州、北海珍珠的天然产量是一定的、有限的，如果每年都大量地去采集海蚌，就有可能导致海蚌的灭绝。如果停下十几年、几十年的时间不去采，海蚌便拥有了休养生息的时间，便能繁衍出更多的海蚌，珍珠的产量便会提升。

宋应星说："凡珠生止有此数，采取太频，则其生不继。经数十年不采，则蚌乃安其身，繁其子孙而广孕宝质。所谓珠徙珠还，此煞定死谱，非真有清官感召也。（我朝弘治中，一采得二万八千两。万历中，一采止得三千两，不偿所费。）"①

这便是珍珠的生产规律，只有遵循此客观规律，人类才可以可持续地、源源不断地获得珍珠。急功好利、竭泽而渔的发展，固然可以获得一些蝇头小利，但这种发展是不可持续的，经济是得不到长久、可持续的发展的，也是在吃子孙饭。

---

①宋应星；夏剑钦译注．利工养农《天工开物》白话图解［M］．长沙：岳麓书社，2016：269.

二、要保持整个生态链的完整

宋应星认为，不可大规模地杀死动物以满足人贪婪的私欲，这会带来极大的浪费和损害。他在《天工开物·乃服》中说："兽皮衣人此其大略，方物则不可殚述。飞禽之中有取鹰腹、雁胁毳毛，杀生盈万乃得一裘，名天鹅绒者，将焉用之？"[1] 他认为，人类为了获得动物皮毛制作兽皮衣服——裘，杀死大量的貂、狐狸、麂子、虎、豹、水獭、金丝猴、猞猁狲，甚至为了制作一件天鹅绒，杀死上万只老鹰、大雁，以获取老鹰腹部的绒毛和大雁腋部的绒毛。这实在是暴殄天物、耗费巨大！

其实，当前也存在这种情况，在皮草生产过程中，制作一件狐皮大衣要杀死十七八头狐狸，制作一件坎肩至少要杀死五六头藏羚羊。

破坏生态链的行为，已经让人们付出了巨大的代价。人们为了获得野味，杀死了大量的果子狸，结果带来了许多疫情。人们杀死大猩猩以获得肉和皮，结果带来了艾滋病。杀死蝙蝠，结果带来了新型冠状病毒。杀死蛇，导致老鼠泛滥成灾。杀死麻雀，导致破坏森林、庄稼的害虫铺天盖地而来。

自然界是一个大系统，它由各个子系统、元素组成，各个局部之间彼此依存和联系，一荣俱荣、一损俱损，如果某个要素发生了变化，则有可能导致整个系统发生变化。人是万物之灵，如果要更好地生存和发展，就需要保护生态环境。假如野生生物被伤害甚至被灭绝，一定会导致生物链的大变动。生物链好比一条绳子，假如某一段绳子被损坏了，那么这条绳索便会变得不安全。我国的野生动植物资源比较丰富，在国民经济中处于十分重要的地位。要让经济和社会可持续地发展，就要合理地开发、利用野生动植物资源，在发展和环保中寻找一个动态的平衡点。

---

①宋应星；夏剑钦译注. 利工养农《天工开物》白话图解［M］. 长沙：岳麓书社，2016：
49.

我们要传承与弘扬宋应星的生态伦理思想，坚持天人合一、和合共生、万物并育、道法自然、美美与共的生态理念，这既是发展经济的需要，也是人类自我保护的需要。

第三节　循环利用废物

《天工开物》中出现了物尽其用、化废为宝的观念，类似于现在的循环经济观。废弃物的利用渠道有两条：一是把废弃物变成可利用的新资源；二是原级利用废弃物。

一、变废弃物为新资源

《天工开物》载述了用废弃的红花渣滓制作胭脂的技术。红花属于菊科，是一年生草本植物。红花的别名有：红蓝花、刺红花、草红花。据李时珍的《本草纲目》记载，它是西汉张骞从西域带回的，起初作为染料，后成为治疗妇科病的中药。所谓"［志曰］红蓝花即红花也，生梁汉及西域。《博物志》云：张骞得种于西域。今魏地亦种之。［颂曰］今处处有之。人家场圃所种，冬而布子于熟地，至春生苗，夏乃有花。花下作梂猬多刺，花出梂上。圃人乘露采之，采已复出，至尽而罢。梂中结实，白颗如小豆大。其花曝干，以染真红，又作胭脂。"[1] 红花从西域传入中国之后，开始在中国的西北、华北、东北、西南，尤其是在新疆、西藏、内蒙古等地大量种植。

《天工开物·彰施·燕脂》说："燕脂古造法以紫矿染绵者为上，红花汁及山榴花汁者次之。近济宁路但取染残红花滓为之，值甚贱。其滓干者名曰紫粉，丹青家或收用，染家则糟粕弃也。"[2] 华北济宁一带的百姓，用加工染料

---

①李时珍. 本草纲目 ［M］. 北京：人民卫生出版社，1997：794—1686.

②宋应星；夏剑钦译注. 利工养农《天工开物》白话图解 ［M］. 长沙：岳麓书社，2016：69.

的红花残渣生产胭脂，干透了的红花渣滓则被称为"紫粉"，画匠们会收购紫粉，用来充当画画的原料。

把加工染料的红花下脚料加工成化妆品和文化用品，可谓是变废为宝，既增加了收入又能避免工业废弃物污染环境，一举多得，这体现了古代劳动人民的聪明智慧。

二、原级利用废弃物

《天工开物》中记载了资源的原级利用，即把废弃物加工成原来的产品，例如回收废纸生产还魂纸，回收废金银生产出新金银。

《天工开物·杀青》记载了还魂纸的生产工艺："近世阔幅者名大四连，一时书文贵重。其废纸洗去朱墨污秽，浸烂入槽再造，全省从前煮浸之力，依然成纸，耗亦不多。南方竹贱之国，不以为然，北方即寸条片角在地，随手拾取再造，名曰'还魂纸'"。①

《天工开物·五金》中载述了废弃黄金的回收和利用。宋应星说："凡金箔粘物，他日敝弃之时，刮削火化，其金仍藏灰内。滴清油数点，伴落聚底，淘洗入炉，毫厘无恙。"② 在宗教场所，由黄金加工成的薄片——金箔被粘贴在佛像等物体的表面以表装饰，如果第一年用了，翌年希望再用，就可以把金箔刮削下来煅烧，金子便留在灰烬中。滴入几点菜籽油，金子便沉淀聚积在一起，经过淘洗、冶炼，便可回收所有用于制作金箔的金子。这种回收金箔的方法，在一些寺庙中一直被沿用。

---

①宋应星；夏剑钦译注．利工养农《天工开物》白话图解［M］．长沙：岳麓书社，2016：200.

②宋应星；夏剑钦译注．利工养农《天工开物》白话图解［M］．长沙：岳麓书社，2016：210.

《天工开物·五金》中载述了废弃白银的回收和利用。宋应星说："其贱役扫刷泥尘，入水漂淘而煎者，名曰淘厘锱。一日功劳，轻者所获三分，重者倍之。其银俱日用剪、斧口中委余，或鞋底粘带布于衢市，或院宇扫屑弃于河沿，其中必有焉，非浅浮土面能生此物也。"①

大明帝国通过向葡萄牙和西班牙的殖民地销售茶叶、丝绸、生丝、陶瓷等，获得了大量的白银。美国汉学家魏斐德（Frederic E. Wakeman Jr.，1937—2006 年）在著作中写道："在 17 世纪的前三十多年中，每年流入中国的白银总量约达 25 万至 26.5 万公斤。从嘉靖朝中期到万历时期的 80 多年里，日本白银产量的大部分（约 23000 万两），美洲白银产量的三分之一至二分之一（约 11000 万两）流入了明朝。"② 换言之，在 16—17 世纪的 200 余年中，世界上三分之一的白银流入了大明帝国。为此，许多白银被用来制作妇女的首饰或日常家用器皿，在制作首饰、器皿的过程中，必然会产生许多下脚料，这些下脚料经过淘洗、提炼，便可以回收一部分白银。

明代的废弃物回收利用技术虽然无法和当今的技术相提并论，但这种循环经济的思想比此技术更具价值，对我们发展可持续经济而言，仍具有一定的借鉴意义。

①宋应星；夏剑钦译注．利工养农《天工开物》白话图解［M］．长沙：岳麓书社，2016：213．
②庄国土．16—18 世纪白银流入中国数量估算［J］．中国钱币，1995（3）：3-10，81．

第十二章　天工开物文化与新余

天工开物文化的精髓是：兴亡有责的爱国情怀、经世致用的务实作风、敢为人先的创新品格、专注敏求的工匠精神、天人合一的和谐理念。这些精髓均被新余人民传承和发扬，从而把新余市建设成为一个工业发达、民生幸福、山水美丽的城市。

第一节　新余是天工开物文化的诞生地与发祥地

从崇祯九年农历四月至翌年四月（1636 年 5 月—1637 年 5 月），宋应星在分宜县以一年左右的时间撰写了千古名篇——《天工开物》。他之所以能如此迅速和顺利地创作此书，那是因为新余的农业、手工业、矿冶业比较发达，为其写作提供了丰富的素材。另外，严嵩为分宜县学捐献了几千册书籍，作为县学教谕的宋应星查找文献资料比较方便。

一、宋应星在分宜县撰写了《天工开物》

崇祯四年（1631 年），44 岁的宋应星第六次会试失败了，他最终没有成为进士，依然是一位举人。据《宋应星年谱》记载，他从翌年起开始在家里收集、整理相关资料，准备动笔撰写《天工开物》，但因父亲宋国霖（宋汝润、宋巨川，1547—1629 年）、母亲魏氏（1555—1632 年）相继去世，家中的杂事比较多，导致他无暇写作（见图 12—1、图 12—2）。

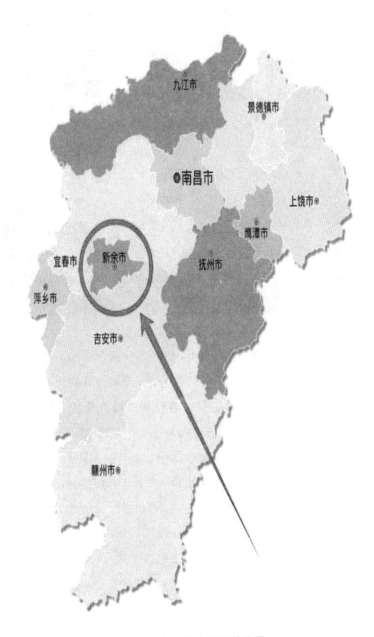

图 12-1 新余市在江西的位置

图 12-2　新余市地图

过了两年，即崇祯七年（1634 年），47 岁的宋应星参加了吏部大挑，为了方便照顾家里，他选择到离奉新县雅溪只有 150 千米的分宜县任教谕。教谕的级别比较低——从八品，类似于现在正科级的教育局局长兼县中校长，每月只有 3 石（450 市斤）大米的俸禄，一般的士大夫是看不上这样的冷官的。但是，这个职务也有其优点，就是比较清闲，空余时间比较多，可以集中精力写作。事实上，宋应星在分宜县教谕的职务上撰写了许多著作，如《野议》（1636 年 3 月）、《天工开物》（1637 年 4 月）、《画音归正》（1636 年）、《杂色文》（1636 年）、《原耗》（1636—1637 年）、《观象》（1637 年 4 月）、《乐律》（1637 年 4 月）、《论气》（1637 年 6 月）、《谈天》（1637 年 7 月）、《卮言十种》（1637 年，含《论气》《谈天》共 10 种）、《思怜诗》（1636—1638 年）、《美利笺》（约 1637 年）。①

---

①严小平、刘柳 . 浅谈宋应星人生成就与分宜的关系 [Z] . 新余天工文化研究小组内部资料，2024.

时任分宜县知县曹国祺是广西全州人，崇祯五年（1632 年）到任，也是通过举人参加大挑从政的。他是一位清廉正派的官员，与宋应星一见如故、相谈甚欢，对宋应星立言之举表示支持。分宜县城（今分宜县钤阳镇）有专门的县学（孔庙、文庙、圣庙、教谕署），环境比较安静，适合从事著述活动。这种氛围，为宋应星从事创作提供了良好的客观环境，如果再过几年，清兵杀入江西，社会动荡不安，人心恐惧，他就不可能写出上述著作了。

二、新余为《天工开物》提供了素材

《天工开物》记述的三卷 18 章 139 节内容中，100 多种物产、130 多种技术等内容，基本上都可以在今新余市找到对应。

（一）《天工开物·乃粒》的素材直接取材于新余

《天工开物·乃粒·稻工》中载述的耕耙这种农具，具有分宜特色。正如前文所述，分宜农民是站在耕耙之上的——至今如此，而外地是扶着耕耙的。这说明，宋应星在撰写这部分内容时，是直接以分宜县的耕耙为素材的。

《天工开物·乃粒·水利》中提到的筒车，实际上就是按照今分宜县松山镇、大岗山乡一带的实物载述和绘图的。今分宜县的松山镇、大岗山乡至今依然还有古老的筒车在日夜汲水，一昼夜可以灌溉 100 亩稻田。书中提到的踏车、拔车、桔槔等灌溉工具，分宜县也比较多。

（二）《天工开物·乃服》的素材直接取材于新余

分宜县苎麻种植和夏布生产历史悠久。分宜县自唐朝开始，"岁贡白苎布十匹"。宋朝时，袁州知府的进贡表曾称："袁郡之邑，向进苎布，今俱归分宜督办。"① 乾隆《分宜县志》记载："邑北山地多种苎，其产甚广，每年三收。

①宋应星. 天工开物［M］. 中共新余市委政策研究室译. 南昌：江西科学技术出版社，2018. 12：65.

五月后，苎商云集各墟市，桑林一墟尤甚（桑林即今双林镇）。妇女亦绩苎为布，曰苎布。"[1]

《天工开物·乃服》中载述的纬络、纺车、经具、溜眼、掌扇、经耙、印架、过糊等内容，均是宋应星对今分宜县双林镇的夏布纺织作坊进行田野调查之后，撰写出来的。

《天工开物·乃服·夏服》中关于用苎麻制作夏布的内容也是取材于分宜县的。宋应星在此部分写道："凡苎麻无土不生。其种植有撒子、分头两法。……每岁有两刈者，有三刈者，绩为当暑衣裳、帷帐。"[2] 这些文字和《分宜县志》（民国版）的记载大同小异。《分宜县志》记载道："西北两乡山土甚多，其质石沙，其色红黄，宜于苎麻者，各村各户广为种植。每年刈剥三次，以水浸之，以刀刮之，取筋成片，由片分丝，由丝绩纱，由纱织布，畅销汉口、上海各处转售外洋，每年价值数十万。"[3]《天工开物》成书后即被清政府列为禁书而失传，民国后虽然有印刷，但发行量很少，《分宜县志》（民国版）撰写和编纂人员——萧家修、谢寿如、欧阳绍祁、黄秉钺等人是不可能看到该书的，两者的载述之所以基本相同，这说明《天工开物·乃服·夏服》中关于苎麻种植部分是来源于分宜县的。

（三）《天工开物·燔石》的素材直接取材于新余

烧制石灰需要石灰石、煤炭充当原料。分宜县的石灰石、煤炭的储藏量均比较丰富。

分宜县石灰石（$CaCO_3$）探明储量达到 96200 万立方米，今分宜县袁河以

---

①乾隆《分宜县志》卷二《地理志·物产》。

②宋应星；夏剑钦译注. 利工养农《天工开物》白话图解 [M]. 长沙：岳麓书社，2016：48.

③萧家修、谢寿如修，欧阳绍祁、黄秉钺纂：分宜县志·卷十三·实业志·种植 [M]. 民国二十九年石印本. 转引自戴鞍钢，黄苇. 中国地方志经济资料汇编 [M]. 上海：汉语大词典出版社，1999：163.

北的分宜镇、湖泽镇、洞村乡、高岚乡等 9 个乡镇均储藏了大量的石灰石。而宋应星的故乡——奉新县则没有石灰石这种矿产资源，至今仍要从外地进口。

分宜县的煤炭探明储量为 1.1 亿吨，其中，含硫量低、质量好、发热量高的无烟煤占比 96%。

宋应星在撰写《天工开物·燔石·石灰》时说："石以青色为上，黄白次之。石必掩土内二三尺，掘取受燔，土面见风者不用。燔灰火料煤炭居十九，薪炭居十一。先取煤炭泥和做成饼，每煤饼一层叠石一层，铺薪其底，灼火燔之。最佳者曰矿灰，最恶者曰窑滓灰。火力到后，烧酥石性，置于风中久自吹化成粉。急用者以水沃之，亦自解散。"[①]

（四）《天工开物·冶铸》的素材直接取材于新余

新余不仅地下矿产资源十分丰富（有金、银、铜、铁、锌、铅、锰、煤等，以铁为主），而且采矿、冶铁的历史悠久。在《中国历史地名辞典》中有介绍："贵山镇，江西分宜县北，唐时开始采铁。"[②]《分宜县志》载："贵山有铁，唐时开采立贵山镇，宋雍熙初，设贵山铁务。"[③] 表明新余、分宜在唐、宋时期不但有矿工采矿冶铁，而且设立了专门管理铁冶业的官府机构。到了明代，为大规模开矿冶铁，在新余设立了两处官府铁冶机构——铁冶所。《明史·食货记》记载："铁冶所，洪武六年置，江西进贤、新喻、分宜，湖广兴国、黄梅，山东莱芜……太原、泽、潞各一所，凡十三所，岁输铁七百四十六万余斤。"[④] 那么当时新喻、分宜产量是多少呢？《明太祖实录》记载："癸卯命置铁冶所官凡一十三所，每所置大使一员，秩正八品，副使一员，秩正九

①宋应星；夏剑钦译注．利工养农《天工开物》白话图解［M］．长沙：岳麓书社，2016：177—178.

②江西省分宜县地方志办公室编．分宜县志：上［M］．合肥：黄山书社，2007：343.

③李小平．新余古代冶铁考析．南方文物［J］．1995（3）：108—111.

④明史·食货志．卷八十一．志第五十七.

品。是时，各所岁炼铁额：江西南昌府进贤铁冶岁一百六十三万斤，临江府新喻冶、袁州府分宜冶岁各八十一万五千斤。"① 《江西钢铁志》记载："明洪武六年，全国置铁冶所十三，新喻、分宜是其中之二。关于冶铁岁额，新喻、分宜皆为81.5万斤，占全国总岁额的20.21%。"② 可见明代新喻、分宜铁冶业无论是技术水平还是冶铁产量在全国都占有重要地位。

分宜县铁矿储量为8084万吨，铁矿类型主要是褐铁矿、磁铁矿、红铁矿等。主要分布在今分宜县的湖泽镇、松山镇、大岗山乡、分宜镇等。其中，分宜县湖泽镇闹洲村的铁坑铁矿是铁帽式铁矿，主要是褐铁矿，品位为29%—40%，已探明储量为3593万吨，多为露天开采。

《天工开物·五金·铁》中说："凡铁场所在有之，其质浅浮土面，不生深穴，繁生平阳、冈埠，不生峻岭高山。质有土锭、碎砂数种。凡土锭铁，土面浮出黑块，形似秤锤，遥望宛然如铁，捻之则碎土。若起冶煎炼，浮者拾之，又乘雨湿之后牛耕起土，拾其数寸土内者。耕垦之后，其块逐日生长，愈用不穷。……凡砂铁一抛土膜即现其形，取来淘洗，入炉煎炼，熔化之后与锭铁无二也。"③ 这段文字是分宜县铁坑露天开采法的生动写照。

（五）《天工开物·膏液》的素材直接取材于新余

分宜县的油料资源比较丰富。据严嵩在《袁州府志·卷五·物产》中记载：(明嘉靖四十年前后，江西袁州府的分宜县等地)"桐子，可取油，凡栽杉先植此树，以其叶落而土肥。乌桕，取油为烛。"④ 除了油桐籽、乌桕籽，油菜籽、芝麻（胡麻）、油茶仁的产量也比较高。

---

① 明太祖实录．卷88.

② 李小平．新余古代冶铁考析．南方文物［J］.1995（3）：第108—111页.

③ 宋应星，夏剑钦译注．利工养农《天工开物》白话图解［M］．长沙：岳麓书社，2016：218.

④ 严嵩原修，季德甫增修．袁州府志·卷五·物产［M］．明嘉靖四十年刻本．转引自戴鞍钢，黄苇．中国地方志经济资料汇编［M］．上海：汉语大词典出版社，1999：163.

分宜县至今还有些地方进行土法榨油。分宜县介桥村的榨油坊至今仍然用《天工开物》中记载的方法榨取食用油。主要工序流程为：烘焙油茶仁（也有晒干）、水车碾压成粉末、上甑蒸熟油茶仁粉、制油茶仁粉饼、压饼、插楔、开榨、出油等。

（六）《天工开物·杀青》的素材直接取材于新余

因为竹在古代的房屋、家具、船舶、桥梁及家用中使用广泛，还有手工业如造纸、编织等都会使用到竹，其经济效益是很大的。除了直接砍伐原生态林木，当地村民还会在山地种植竹林等经济林，这也是山民增加收入的重要手段之一。民国《分宜县志》记载："绿竹每年出产约 10 万根，运往新喻、清江、吉水各处出售……实竹可制笔管，筀竹笋美根多，竹工丝以制器。"① 可见明清时期当地竹的种植、贩卖、加工已较成熟。

明清时期，分宜人民也会用毛竹制造竹纸。王晓撰写的《体验古法造纸 感受传统魅力》便记载了新余人民用毛竹为原料生产土纸的过程。②

（七）《天工开物·甘嗜》的素材直接取材于新余

中晚明时期，分宜人民种植甘蔗并制作蔗糖。明代后期，受福建流民的影响，分宜种植甘蔗成为当地人民维持生计的重要来源。"先年奉徙流民男妇寓居分宜岭上，结棚为舍，耕种麻蔗以资生。"③

（八）《天工开物·曲糵》的素材直接取材于新余

新余水稻种植历史悠久，位于新余市渝水区水北镇拾年村东面的新石器时

---

①民国《分宜县志》卷二《地理志》。

②王晓.体验古法造纸 感受传统魅力［N］.新余日报，2018－09－17.

③黄志繁，杨福林，李爱兵.赣文化通典：宋明经济卷［M］.南昌：江西人民出版社，2013：163.

代拾年山遗址，是 20 世纪 80 年代华南地区发掘的一处重要的史前文化遗存。在遗址的红烧土块中发现了稻秆和稻壳痕迹，表明居住在这里的先民以经营稻作农业为主。《天工开物》第一卷《乃粒》"稻"一节中也提到："凡稻种最多。不粘者，禾曰秔，米曰粳。粘者，禾曰稌，米曰糯。（南方无黏黍，酒皆糯米所为）……凡秧既分栽后，早者七十日即收获，粳有救公饥、喉下急，糯有金包银之类。方语百千，不可殚述。"① 新余地区水稻种植不仅早，产量也很可观。洪武间，全省 78 个县年总纳官米 2617969 石，新喻占平均数的 2 倍多，也就是说当时新喻上交了比两个县还多的官米。②

同治《新余县志》记载新余地区种植的早糯、晚糯、丫糯（竹丫糯）三种糯米都适合酿酒，可见新余地区酿酒技术较早。明代会稽人张国纪在新喻见到村酿酒，并亲口品尝后，赋诗云："小饮何须访菊潭，浊醪村酿亦成酣。"可见新喻明代酿酒之盛。渝水区的河下镇酒母村，保留了制作酒母及酿酒的传统工艺和遗迹。高新区的马洪办事处的很多村庄家家都酿糯米酒，统称为"马洪水酒"，封缸贮藏年份 3 年以上则为"马洪老酒"。

三、新余为《天工开物》提供了文献资料

宋应星在撰写《天工开物》时，一方面，需要田野调查资料；另一方面，需要大量的文献资料。据杨维增教授考证，宋应星在撰写《天工开物》的时间是崇祯九年至十年（1636 年农历四月至 1637 年农历四月），他参考同类农书、百工书的痕迹比较明显，但囿于历史局限性，他并未标明出处。

他在撰写《天工开物》时至少参考了以下文献：

先秦的文献有：商朝姬昌撰写的《周易》，春秋孔子撰写的《尚书》，春秋

①李敖主编．古玉图考营造法式天工开物 [M]．天津：天津古籍出版社，2016，11：134．
②甘泉．"天工开物"时代新余经济发展状况和《天工开物》在新余成书的历史条件 [J]．新余学院学报，2018（6）：15—18。

老子撰写的《道德经》，春秋管仲的《管子》，春秋吕不韦的《吕氏春秋》，战国庄周的《庄子》，墨翟的《墨经》，战国孟轲的《孟子》，战国荀况的《荀子》，战国韩非子的《韩非子》，战国齐国学官撰写的《考工记》，成书于战国西汉时期的《山海经》。

两汉的文献有：西汉董仲舒的《春秋繁露》，西汉氾胜之撰写的《氾胜之书》，东汉王充的《论衡》，东汉仲长统的《昌言》，东汉崔寔的《政论》，东汉马续的《汉书·天文志》，东汉班固的《汉书·律历志》，东汉王符的《潜夫论》。

魏晋南北朝的文献有：南北朝郦道元撰写的《水经注》，南北朝贾思勰撰写的《齐民要术》。

唐代的文献有：唐代陆广微撰写的《吴地记》。

两宋的文献有：北宋李昉等人编纂的《太平御览》，北宋沈括撰写的《梦溪笔谈》，北宋李诫的《营造法式（《鲁班经》）》，北宋陈敷撰写的《陈敷农书》，北宋曾安止撰写的《禾谱》，南宋郑樵撰写的《通志》，南宋王灼的《糖霜谱》，南宋周去非编写的《岭外代答》，南宋耐得翁撰写的《都城纪胜》，宋代李孝美撰写的《墨谱法式》《钱谱》。

元代的文献有：元代薛景石撰写的《梓人遗制》，元朝司农司撰写的《农桑辑要》，元代王祯撰写的《农书》。

明代的文献有：明代沈氏的《沈氏农书》，明代张燮的《东西洋考》，明代沈启的《吴江水考》，明代潘季驯的《河防一览》，明代胡宗宪的《筹海图编》，明代马骥的《盐井图说》，明代黄成的《髹饰录》，明代王徵撰写的《新制诸器图说》《远西奇器图说》，明代李时珍撰写的《本草纲目》，明代徐光启撰写的《农政全书》，明代文震亨撰写的《长物志》……

宋应星之所以能在分宜县以一年左右的时间撰写出《天工开物》，那是因为分宜县学宫（教谕署）的图书比较多，文献资料比较丰富。严嵩是分宜人，他多次为分宜县捐献书籍。他在南京任礼部尚书期间，为分宜县学捐献了两次书，后在北京居家的两年（1519 年 2 月—1521 年 4 月）期间，改建东堂为钤山堂书院，为其捐献了许多图书。他还为分宜县学建造了一座图书馆——尊经阁。嘉靖二十二年（1543 年）已入阁为辅臣的严嵩，为分宜县捐建了一座钤阳书院，并捐赠了许多图书。分宜县学图书馆内至少有几千多部典籍，所谓"摹印南雍十七等经史子集群书。"①

第二节　新余人民的爱国情怀

新余人民的爱国情怀主要体现在：热爱富饶、美丽的祖国山河，热爱中华同胞，热爱中华优秀传统文化，热爱自己的国家。

一、新余人民热爱祖国山河

祖籍在今江西新余市渝水区罗坊镇北岗章塘村的傅抱石（1904—1965 年）十分热爱祖国的壮丽河山。

傅抱石是近现代山水画大家、现代山水画的奠基人。1960 年，56 岁的他带领江苏省国画写生团进行了 2300 里的长途写生，途经豫、陕、川、鄂、湘、粤六个大省的十几个大城市和中等城市，如郑州、西安、延安、成都、武汉、长沙、广州等，途中，他兴致勃勃，瞻仰红色圣地，参观工厂企业，游览名胜古迹。他一路走，一路画，描绘了祖国的大好河山（见图 12－3）。

---

①李寅清，夏琼鼎修；严升伟纂．［同治］分宜县志：十卷卷首一卷 11［M］．清同治十年：101.

图 12-3 傅抱石（1904—1965 年）

1960 年 10 月 12 日，傅老抵达西岳华山，在青柯坪逗留了几个小时。

他"站在青柯坪，西北眺望，八百里秦川田畴如画，渭河东流，洛水南下。再环顾近景，苍松挺拔，野花盛开，由花岗岩组成的山体层峦叠嶂，呈现出暗紫浅红与深绿相间的山体，真如古诗之'华岳独灵异，草木恒新鲜。山尽五色石，水无一色泉。'向西南仰望西峰，真是壁立千仞，高耸如削，写生团的画家们到此无不感到祖国江山之雄伟、壮观，情怀激昂。"[①] 傅老认真打量着华山雄壮的山岳，灵动的云彩，用速写把华山西峰、青柯坪和东峰、西峰画下，不求形似，只求神似，突出山石结构、皴法的主要特点，并附上文字。其速写作为概括著录，为其后来创作《漫游太华》《待细把江山图画》等作品奠定了基础。

1960 年 11 月 15 日，傅抱石乘船在 193 公里长的长江三峡内观光。三峡从西往东依次为瞿塘峡、巫峡和西陵峡，沿途两岸奇峰陡立、峭壁对峙、崇山峻岭、层峦叠嶂，到处是惊险的悬崖峭壁，长江在此变得十分狭小、曲折，193 公里长的峡区分布着大小不一的峡谷和鳞次栉比的浅水滩。

傅抱石在途经西陵峡时，时隔 14 年的旧地重游，令他十分激动和感慨。和 1946 年不同，当年他从重庆回南京途经三峡时，对沿途风景并未仔细打量，也绝对没有如同此次壮游三峡的深刻感受。西陵峡是三峡中最长的一个峡区，有 76 公里之长，险要的浅水滩很多，而且水流湍急，以水急滩险而名闻天下。傅老站在船头进行写生，后于同年 12 月下旬在南京创作了《西陵峡》。该作品描绘了西陵峡雄壮秀丽的景色，高耸挺拔的山峦，栩栩如生地表现出了西陵峡的磅礴气势。

二、新余人民热爱自己的同胞

新余市渝水区罗坊镇蒋家村人蒋国珍老师（1930—2016 年）是热爱自己同胞的典型（见图 12—4）。

---

①黄名芊．笔墨江山——傅抱石率团两万三千里写生实录 [M]．北京：人民美术出版社，2005：77．

图 12-4 蒋国珍（1930—2016 年）

　　具有大爱无私人格魅力的蒋国珍老师是最美的乡村教师，是乡村教育的燃灯者。1930 年 6 月出生的他，有师范学历。1949 年，19 岁的他参加了中国人民解放军，上过战场，后在新干县城关区、南昌地委宣传部等单位当过国家干部。1953 年，因为铜鼓县缺少师资力量，他被组织派到铜鼓县三都小学任代课教师，翌年转为正式教师。1957 年，由于历史原因，他被错划为"右派"。22 年之后的 1979 年，他被落实了政策，并补发了 9600 元工资。刚落实政策的蒋国珍老师作出一个令人感到惊讶的决定：他把 9600 元工资全部捐献给了希望工程。从此，他一直对家境清贫、品学兼优的学生给予各种帮扶、赞助，到他 2016 年去世时，已经捐出 40 万元——超过他总的工资收入，受他资助的学生多达 2 万多人次。临终前，他还捐出了自己的眼角膜，存折上只剩下 1.36 元。

无私助学、倾情奉献的蒋国珍老师总能通过各种渠道找到急需帮助的清贫学子，并如同"及时雨"地给予帮助。现在在新余电信公司工作的一位男同志，在 1988 年，他考取了江西邮电学校，父亲突然病逝，母亲因悲伤过度而哭瞎了一只眼睛，家中十分困难。就在他迫于无奈准备放弃升学时，蒋国珍老师找到他，请他吃饭，掏出 30 元送给他，帮他购买生活日用品。他抵达南昌江西邮电学校之后，蒋老师的汇款也随之而来。之后的四年，他每个月都会收到蒋老师的生活费。1994 年，家在新余市渝水区罗坊镇松岭村的李某，正读初三，因为家贫没钱买饭票，呆坐在教室内伤感不已。这时，蒋老师光着脚板，用扁担挑着两个蛇皮袋，满头大汗地走到他的课桌前，拿出一张写有"李某某交来大米 21 公斤"的收条放在桌上。刹那间，李同学感动得热泪盈眶，无语凝噎。李某的哥哥考取了大专，无钱升学。蒋老师获悉，带钱上门给予资助。1994 年，1995 年，李同学和妹妹相继考上大学，家里又喜又忧。这时，蒋老师再次伸出援手，送上 1900 元。前后几年，李家三兄妹收到蒋老师将近 9000 元的资助。

2005 年，渝水区罗坊镇大路村胡细莲的女儿廖思思考上大学，没钱交学费，窘迫异常，蒋老师送来了 7000 元。她几乎不敢相信自己的眼睛，她从来不认识这个退休老教师。她认为自己真的遇到了"活雷锋"。蒋老师承担起廖思思三年 2 万多元的学费。

在南昌大学求学的廖二宝，家境清贫。听说蒋老师乐于助学的故事后，他找到了老人家，企图寻求帮助。可当他进入老人家，十分惊讶。在他家不到 30 平方米的土坯房内，家徒四壁，只有一张木板床，棉絮已经又黑又硬，连张凳子也没有，一盏煤油灯是唯一的照明设施。家中最值钱的东西不到 10 元钱。廖二宝心里说，我不能要他的救助，他才是穷人，掉头就走。可当蒋老师获悉廖二宝的情况后，立刻取出 4000 元，用塑料袋仔细包好，冒着倾盆大雨追到廖二宝家。当浑身如落汤鸡般的蒋老师把钱递给廖二宝的时候，廖二宝十分感动，他"扑通"一声跪在老人脚下，抱着老人哭了。

一个人做一件两件好事是很容易的，难的是一辈子只做好事帮助人。蒋老师一辈子没有结婚，无儿无女，如同苦行僧般节省下每 1 分钱，而不求回报地资助和他没有任何血缘关系的穷学生，这种无私奉献的精神难能可贵，这种利他品格可谓高尚。

一些俗人不理解他，说他是"傻瓜""精神病""颠佬"。对于这些恶言恶语，蒋国珍老师付之一笑。他认为，与别人分享快乐，快乐会翻倍；替别人分担痛苦，痛苦会缩减。只有毫不利己专门利人，为他人吃苦，心中才会有幸福。

三、新余人民热爱中华优秀传统文化

今江西省新余市分宜县双林镇白水村的林有席（林儒珍、林平园，1713—1804 年）十分热爱中华优秀传统文化。

林有席出身于书香门第，从小便与中华优秀传统文化结下了不解之缘，他天资聪颖，敏而好学，深受老师的认可，后进入南昌深造。乾隆十七年（1752 年），40 岁的他考中进士，后被委任为湖北东湖县（今湖北省宜昌市）知县。

后来，他回家丁忧，从此未再进入官场，把主要的时间、精力投入中华优秀传统文化的研究、传承中。他很高寿，活了 91 岁。他从 40 多岁开始到他去世的近半个世纪的时间中，一直沉浸于中华优秀传统文化。

林有席的学术兴趣很广，涉及的领域比较多。他对儒家经典多有研究，并著述了《古文雅正续选》《清古文雅正》《离骚经参解》《古今体诗》《题明诗综合二百首》《平园杂著》等著作。他的诗作被编入《钤阳六子诗》（六子是清代分宜县的六位才子——拔贡袁汝璧、进士林平园、贡生严秉琏、进士严思濬、秀才林有彬、秀才林有禀）。

林有席对历史学、方志学也多有研究，是著名的历史学家、方志学家。他校订了冯洁的《宋史》，删改了《瀛洲志》，编纂了《吉郡志》《赣郡志》《分宜县志》。

林有席对地理学也有一定的研究。他通过田野调查，调查了江西的江河溪涧，撰写了《江西诸水源流考》一书。

四、新余人民热爱自己的国家

习凿齿（习彦威，328—413年），原籍湖北襄阳，后于东晋孝武帝司马曜太元四年（379年），51岁的他迁居今江西省新余市渝水区欧里镇白梅村。习凿齿的祖先习郁追随东汉光武帝刘秀立下战功，被封为襄阳侯。习家经过数代经营，到习凿齿这一代，已成为地方豪绅，既有钱也有势，家中多人在大晋帝国担任比较重要的官职。

习凿齿是两晋著名的历史学家、文学家。他精通玄学、佛学和历史学，著有《汉晋春秋》《襄阳耆旧记》《逸人高士传》《习凿齿集》等。他的《汉晋春秋》以刘备的蜀汉为正统，影响深远，对罗贯中创作《三国演义》产生了深远的影响（见图12—5）。

图 12-5 习凿齿（328—413 年）

习凿齿对忠君爱国的诸葛亮十分敬仰，他曾经专程到襄阳城西的隆中孔明故居凭吊诸葛亮，并撰写了《诸葛武侯宅铭》。他在《汉晋春秋》一书中收入了诸葛亮的《后出师表》。

习凿齿早年是东晋权臣桓温（312—373 年）的亲信，桓温北伐时，他在其身边出谋划策，撰写各种公务文案，所以先后被桓温提拔为西曹主簿、治中、别驾。

后来，习凿齿发现桓温野心勃勃，企图发动政变，推翻东晋帝国，篡夺皇位。一向忠君爱国的习凿齿于是决定模仿陈寿的《三国志》写一本历史书，书名为《汉晋春秋》。不过，陈寿是以曹魏为正统，把蜀汉、东吴看成伪政权、乱党奸贼。在他笔下，刘备是一位爱哭鼻子的伪君子，孙权等人则是绿眼睛、红鼻子的野蛮土匪。习凿齿认为，刘备有东汉皇家血统，应该是正统。按时间顺序，正确的国祚延续是：东汉—蜀汉—两晋，而非陈寿笔下的东汉—曹魏—两晋。在习凿齿笔下，曹操是一位杀人如麻、以奴欺主、犯上作乱的乱臣贼子，而刘备是慈悲仁义、心系苍生的圣明天子。

《汉晋春秋》写好后，习凿齿送给了桓温，请他指正。其实就是含蓄地警告他：不要做挟天子以令诸侯的汉贼曹操；皇位不可靠强权夺取。桓温不傻，当然明白习凿齿的意思，也仍然阴谋篡夺东晋政权，所以，他从此十分厌恶习凿齿了，认为他站队到了东晋皇帝司马昱一边。最后，习凿齿被他边缘化了。起初，桓温把他贬谪到了衡阳郡任太守，6年后又把他贬为平民。

第三节　务实作风光照新余

天工开物文化的实学思想光照新余。《天工开物》提倡经世致用；重视实务；推崇实践；注重实干；主张科学地开发物产，即人力与自然力相互配合协调、人工与天工相辅相成地开发、创造、生产各种物品。这些实学思想均在新余市得到了发扬光大。

一、新余市的钢铁产业及其文化，便是天工实学思想的传承与发扬光大

《天工开物》系统地记述了明末农业、手工业的技术及其科学方法。该著作在我国古代科技史上具有重要地位，并具有"17世纪百科全书"的美名。该书诞生于分宜县，分宜县教谕宋应星，以新余、分宜县及其周边的冶铁技术为根基，归纳了大明帝国冶铁业的成就，条理清晰地记述了冶炼、铸造、锻造和热处理的工艺流程，介绍了当时国际上最先进的冶金技术。

据史料记载，有着丰富铁矿石储藏量的新余，在明代时生铁产量占全国总岁额的五分之一。正如前文所述，《江西钢铁志》说："明洪武年间（1368—1398），全国置铁冶所十三，新喻、分宜是其中之二……新喻、分

宜冶铁皆为 815000 斤，占全国总岁额的 20.2％。"① 宋应星推崇田野调查和实证研究，他多次到新余、分宜各地的铁矿山调查，考证铁矿储藏量，考察铁矿井和冶铁炉。

如今，炉火仍旺，铁流依旧。新余因钢设市，因钢兴市。正如前文所述，1957 年，有关部门通过飞机遥感测量，在新余良山地区发现了一条比较长的铁矿脉，铁矿储藏量有 70 亿吨，是英国的两倍。这促成了新余再次与钢铁结缘。1958 年，在全民大炼钢铁的时代背景下，新余开始了现代钢铁工业的建设步伐。从此，钢城成为新余最具历史厚重感的名片，也成为天工开物文化的重要载体之一。1960 年，新余成为地级市，1963 年因种种原因被撤销。20 年后的 1983 年，新余重新成为地级市。

新余市目前钢材产量占江西省近四成，即新余的粗钢、钢材产量分别占全江西省总量的 37.6％和 36.4％。钢铁，曾经、现在和将来，仍然是新余市的经济命脉、工业脊梁，钢铁已经融入新余市的血脉，新余与钢铁已经密不可分。

总之，20 世纪 50 年代，新余的铁矿资源的开发与新余钢铁工业的发展，和天工开物文化中的实学思想有着直接的血脉渊源。

二、新余高科技产业的兴旺发达，其内核与天工开物文化中的实学思想是一脉相承的，是明末天工实学思想在当代的注解与升华

进入 21 世纪之后，新余人民发扬光大了天工实学思想，具有 300 多年历史的天工实学思想在该市进一步根植开花了。新余市是全中国唯一的国家新能源科技示范城。

就光伏产业而言，新余首先在国内形成了从硅料到应用的完整的光伏产业

---

①江西省冶金工业厅《江西钢铁志》编辑委员会．江西钢铁志［M］．北京：1987（8）：110.

链，换言之，基本上形成了从"硅料—硅片—太阳能组件—太阳能产业应用及发电"等完全的光伏太阳能发电产业链条。在新余市，该产业已发展到 17 家企业，其龙头企业江西赛维 LDK 太阳能高科技有限公司和赛维 LDK 太阳能高科技有限公司（简称"江西赛维"）成功破产重整，并在海外布局电站项目达 100 亿元，近期，其借壳上市工作已获深交所批复同意，年内营业收入将达到 50 亿元。《2024 年新余市政府工作报告》指出：（新余将）"发展光伏细分产业链、智慧光伏产业，力争在新型光伏电池领域抢占先机。"[①]

就新兴产业而言，新余的锂电产业发展迅猛。新余市的碳酸锂等锂盐年产能占全国的 20％以上，金属锂占全国的 50％以上。截至 2022 年 7 月，新余市龙头锂电企业——赣锋锂业市值 2024 亿元，是国内锂行业第一家"A＋H"股上市企业。近年来，新余市着力培养壮大锂电产业，有锂电企业 60 家，氢氧化锂出口量占国际市场份额超五成，出口量稳居全国第一位。

新余市的电子信息产业已经成为江西省创建万亿级电信产业集群版图上的重要拼图。

作为新余市电子信息龙头企业的江西沃格光电股份有限公司（简称"沃格光电"），成为江西省企业上市"映山红行动"的第一股。该公司于 2009 年 12 月成立，2018 年 4 月在上交所主板上市（股票代码：603773），募资约 7.9 亿元。沃格光电在不断地增加新产品的研发和投入，据披露，2021 年沃格光电研发支出 5122.4 万元，2022 年研发支出 8591 万元，2023 年研发支出 8865 万元。沃格光电 2021 年营业收入为 10.5 亿元，2022 年的营业收入为 13.99 亿元，2023 年的营业收入为 18.14 亿元。

沃格光电拥有 ITO 镀膜、On‐Cell 镀膜、In‐Cell 抗干扰高阻镀膜等技术，其镀膜技术在行业内始终处于第一流的水平，且具有行业领先的

---

①徐鸿.2024 年新余市政府工作报告［EB/OL］，（2022－01－18）［2024－05－26］．新余市人民政府．http：//www.xinyu.gov.cn/xinyu/zfgzbg/2024－01/18/content_18c767d4a41d40888b3e66fa4088183d.shtml.

MiniLED 玻璃基板镀铜技术、车载显示特殊效果镀膜。对于上述提到的 In-Cell 抗干扰高阻镀膜技术，沃格光电也是我国第一家拥有此项技术的企业，填补了国内该项技术的空缺，更是击破了外国企业的把持与操纵，为我国平板显示产业链竞争力的进步作出了一定的贡献。

江西亿铂电子科技有限公司（简称"亿铂电子"），成立于 2011 年 1 月。该公司拥有自有科技产业园占地 540 亩，综合办公大楼、宿舍、公寓、厂房等建筑 32 栋，第一期投资 3.5 亿元人民币，现有员工 1500 多人，是一家集设计、研发、制造、销售服务打印耗材于一体的集团化公司；在美国、荷兰、俄罗斯、中国香港、广东等国家和地区设立了营销分公司进行战略拓展。该公司规划在五年内成为年产值 20 亿元人民币的打印耗材跨国集团公司，创建全世界领先的打印耗材基地。

2024 年 1 月 25 日，"亿铂电子"正式在美国纳斯达克首次公开募股上市并挂牌交易（股票代码：YIBO. us），成为江西省 2024 年第一家实现海外上市的企业。①

第四节　创新品格在新余生根开花

改革创新是新余市的灵魂，也是新余市工作的主基调。新余人民继承并发扬光大了天工开物文化中的创新品格，在每一个重要的历史关头，均雷厉风行、龙精虎猛、风生水起，保持着改革创新的锐气和勇气。新余人民一直勇敢地屹立在时代大潮的潮头，敢为人先，勇攀高峰，敢闯、敢试、敢干。

---

①新余市工商联资本市场处. 亿铂电子上市启动仪式举行［EB/OL］.（2024－04－02）［2024－05－26］. 新余市广播电视台（新余市融媒体中心）. https：//mp. weixin. qq. com/s?_ _ biz＝MzA5NjUwNjY1Mw＝＝&mid＝2652503510&idx＝3&sn＝3a6c4eef8e5806026fed8ad237b38a80&chksm＝8a81e39ec6869582ad19188ebdb2ca831de21bf25815141908c9b09dba0a104f397c04e8d3a8&scene＝27.

一、就工业方面而言，新余人民通过改革创新，大力发展钢铁产业和锂电产业

钢铁、锂电两大产业，为新余市的经济发展提供了更多的效能。新余市通过改革创新，出台了 30 多条产业扶持政策，大力扶持钢铁产业和锂电产业。2020 年，新冠病毒肆虐，国际经济形势异常严峻，但新余市的钢铁产业营收第一次突破千亿元；2021 年 12 月 8 日，新余钢铁集团有限公司（新钢集团），提前突破营收千亿元大关，成为江西省第二家千亿级企业，昂首阔步进入钢铁行业第一方阵。

2000 年，江西赣锋锂业股份有限公司（赣锋锂业）在新余市高新技术产业园诞生了。经过 20 多年的发展，赣锋锂业的研发能力、技术水平、生产规模和市场份额，在国内同行业中处于领先水平。该企业是国际上最大的金属锂生产供应商之一，拥有基础锂产品、金属锂产品、有机锂产品、锂合金系列产品等完备的锂产品链条，产品广泛地应用于电池、合成橡胶、制药、催化剂、冶金等范畴；主要产品不但在国内占有主要的市场份额，同时也出口到欧美、印度、韩国等国家和地区。

此外，在 2023 年，新余市的 GDP 达到 1261.89 亿元，为江西省第六名；人均 GDP 为 1.5 万美元，为江西省第三名；新余市的税收收入占财政收入的比例，多年稳居全省第一名，连续两年荣获江西省高质量考核先进市。从 2009 年开始到 2021 年，新余市连续 13 年入围"中国外贸百强城市"。新余市的工业经济主要指标增长速度位于江西省第一方阵，在 2023 年第一季度至第三季度，规上工业利润总额高速增长。

二、就民生事业而言，新余市的改革创新也是可圈可点

新余市的公立医院改革让老百姓获得了实惠，在 2021 年春，国务院医改领导小组专门致函新余市，对新余市的公立医院综合改革，给予了充分的肯

定，新余市在这方面为全国的公立医院的改革贡献了"新余智慧、新余方案"。主要做法有：一是政府主导，公立公益。二是医药降价，医保控费。三是医生正风，医疗定规。

（一）"党建＋颐养之家"的养老改革创新

自 2009 年以来，由中国体制改革研究会和中国经济改革研究基金会指导的，并由中国经济体制改革杂志社等单位主办的"中国改革年度案例"征集活动一直在举办。2019 年，新余的离家不离村而达成农村居家养老，即"党建＋颐养之家"的养老改革创新模式，从全国 800 多个改革创新案例中脱颖而出，光荣地名列该年度十大改革案例，同时，新余被授予"地方全面深化改革调研基地"。

（二）"小荷工程"助力乡村教育

从 2019 年开始，新余市实施"小荷工程"助力乡村教育的振兴与发展，截至 2022 年 6 月，该工程已经覆盖全市 52 所农村义务教育学校，惠及学生 11309 人，对促进乡村未成年人的身心健康、助力乡村教育的振兴发展，发挥了十分重要的作用。为此，学生感到开心，家长感到满意，学校热烈欢迎，社会给予赞美与认同。该工程的具体做法有：在农村义务制教育寄宿学校，改善膳食（市财政负担）、免费提供热水沐浴（县区财政负担）、免费洗涤衣服（乡镇财政负担）等。"小荷工程"已经入选中央政府教育部中国基础教育案例。

（三）城乡供水一体化

新余市在江西省率先达成了城乡供水一体化。新余市投资 13.5 亿元，全面实施城乡供水一体化工程，让 1782 个自然村的 13 万多户、40 多万村民喝上自来水。农村集中供水率达到了 94%，基本上建立了"同网、同价、同质、直供到户"的城乡供水安全保障体系。新余市的城乡供水一体化的做法，被水利部专家誉为"新余经验"。这也极大地提高了村民购买热水器、洗衣机、饮水机、净水器等家用电器的积极性。①

此外，城乡公交一体化、社会保障卡的"人手一卡、一卡通用"……

"民生"已经成为新余这个小地级市的名片之一。新余占整个江西面积的2%左右，人口也只占3%左右，但在发展民生事业方面，做出了许多成绩，温暖了120万新余人民。

三、就改革创新的格局而言，新余市也走在全省乃至全国的前列

从2008年开始到2022年，新余市先后6次入选中国智慧城市建设50强（中国城市信息化50强），新余市提速新基建，领跑新赛道，打造新标杆，发展数字经济的基础日益变好，营商环境日益优化。

2021年，媒体融合立标杆，新余市分宜县探索推进融媒体改革，以内容建设为根本，对人员、机制、平台和技术等方面，进行持续不断的改革，助推融媒体改革走向纵深，更好地发挥了主流媒体的舆论引导作用。创作了阅读量为10个的文章5篇，阅览量1亿个的融创作品1个，爆款1000万个的融创作品10个。其具体经验有：一是提升主流舆论的引导力。二是强化平台赋能，提优全媒体服务。三是公司经营稳中求新。四是从严从实抓党建，凝心凝聚力促发展。2020年，分宜县融媒体中心成为江西省新闻媒体唯一代表应邀参加了省"十四五规划"座谈会。2020年12月，经过中宣部的肯定与批准，由分宜县融媒体中心承办的第一届全国县级融媒体中心舆论引导能力建设年会在分宜县举办，来自全国各地的媒体精英欢聚一堂。2021年12月，分宜县融媒体

①肖裕兵，简连武，廖巧．发挥"工小美"特色 绘就"农小美"画卷——八届市委致力"三农"工作推进乡村振兴的实践与探索［N］．新余日报，2021－06－03.01.

中心入选"2020—2021年度全国县级融媒体中心能力建设十大典型案例",为江西省的唯一。

2021年12月30日,新余市渝水区新时代文明实践中心建设全国试点工作流动现场推进会召开了。这说明新余市新时代文明实践中心建设的三大品牌——"老兵宣讲团""敲门嫂""道德积分银行",得到了国家的肯定和推广。

在城市执法体制改革方面,新余市成为全江西省城市执法改革的示范区。2017年,该市的城市执法体制改革主要从以下四方面入手:一是理顺执法体制,明晰职责职能。二是完善运行机制,实现长效管理。三是强化执法保障,提升执法效率。四是整合管理资源,提高管理水平。

在商事制度改革方面,新余市首先深化商事制度改革,释放经济发展的活力。从2014年开始,新余市人民政府把商事制度改革作为"放管服"改革的重要突破点和抓手,优化营商环境,激发市场活力。具体经验为:一是做好"放"字文章,助推大众创业、万众创新;二是提升"管"的质量,加强企业事中事后监管;三是增强"服"的效能,促进企业健康快速发展。在改革新政的助推下,截至2017年5月,全市新增市场主体11860户,与改革前相比增长15.4%;新增注册资本1032.5亿元,与改革前相比增长105.9%;市场活跃度达81%,与改革前相比增长20%以上。①

此外,新余市的文化旅游消费试点等10多项改革举措,也在江西省遥遥领先。在2020年12月,文化和旅游部、国家发展和改革委员会、财政部公布了第一批国家文化和旅游消费示范城市、国家文化和旅游消费试点城市名单。新余市入选第一批国家文化和旅游消费试点城市名单。

新余儿女多奇志,敢叫故园变天堂。满眼生机转化钧,天工人巧日争

---

① 王若刚,李东辉,邓燕勇. 创新创业百舸争流[J]. 新余日报,2017-09-29.

新。① 新余人民继承并发扬光大了天工开物文化中的创新品格，坚持改革创新。从 2016 年至 2021 年的五年内，新余市委、市政府推出 1000 余项改革举措，40 余项国家改革试点，推动许多领域达成历史性变革、系统性重塑、整体性重构。新余人凝聚改革共识，形成改革合力，不谋全局者，不足谋一域；新余人围绕发展主题，为打造工业强市赋能，《天工开物》著作地，工业是它流淌的基因；新余人聚焦民生所需，为建设区域小市提质，小有小的优势，小有小的作为；新余人突出宜居宜业，为绘就山水美市添彩，城市面貌精美特新，乡村处处水墨江南。②

第五节　工匠精神造就新余为蓝领的摇篮

宋应星推崇的工匠精神，即推崇能工巧匠的朴素唯物主义思想，引领新余小地市办大职教，从而成为蓝领（工匠）的摇篮。作为一个只有 120 万人口、城区面积只有 50 平方公里的小城市，却能大办职业教育，并成为职业教育之都和蓝领（工匠）的摇篮。

1983 年，新余复市。新余市的蓝领教育也是起步于 1983 年，从整体上而言，该市的职业教育经历了一个从无到有、从小到大、从弱到强的发展阶段。新余市的职业教育成功探索了一条政府主导、社会投资、自我积累、滚动发展的道路。

从 1983 年到现在，新余市的职业教育经历了四个阶段：第一个阶段，1983 年至 1994 年的起步期；第二个阶段，1995 年至 2000 年的扩张期；第三个阶段，2001 年至 2006 年的鼎盛期；第四个阶段，2007 年至现在的平稳期。

一、1983 年至 1994 年的起步期

在 1980 年的初期，新余市的私立职业教育的办学模式主要是短训班或私

---

① 童调生. 问道文化新论 [M]. 北京：光明日报出版社，2021：111.
② 胡云锦. 新余改革创新逐梦行 [N]，新余日报，2021－09－22.

立学校，它们多挂靠在一些官方单位，办学点多为租赁的民房，办学条件比较差，培训的内容多为一些实用的技术（如表12—1所示）。这时期，新余市的社会力量职业教育还处于萌芽的阶段，未形成一定的气候。

表12—1 20世纪八九十年代新余的知名短训班

序	创办人	名称	时间	最后校名
1	杨名权	无线电维修培训班	1983年10月	江西工程学院
2	黄海涛	家电维修培训班	1985年	江西东华科技专修学院
3	曹国贵	电子电器培训班	1986年5月	江西江南理工专修学院
4	詹慧珍	缝纫培训班	1986年	赣西科技职业学院
5	张亢	计算机职业技能短训班	1994年	江西新能源科技职业学院

1983年10月，杨明权在新余市创办了无线电维修培训班。经过几年发展，1986年9月，该培训班在新余市社会力量办学管委会的批准下，升级为家电维修培训中心。1988年9月，随着新余市教委的认可，新余市第一所民办学校——新余市电子技术学校应运而生（见图12—6至图12—11）。

1986年6月界水的老教室

图 12-6　1986 年的家电培训班（江西工程学院的前身）

图 12-7　江西工程学院天工校区南门

图 12-8　江西工程学院天工校区鸟瞰图

图 12-9　江西工程学院仙女湖校区大门

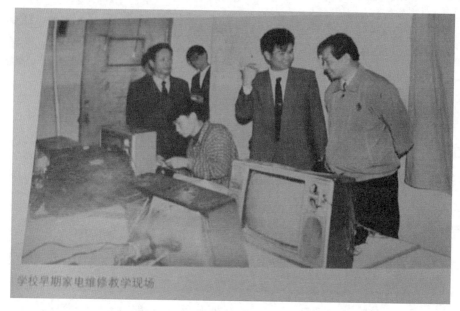

学校早期家电维修教学现场

图 12-10　学校早期家电维修教学现场（举手者为杨名权先生）

学校创始人、举办者、法人代表、董事长杨名权

图 12-11　杨名权先生

第十二章　天工开物文化与新余

1988 年 4 月 4 日，新余市政府印发了《新余市社会力量办学管理细则（暂行）》，鼓励并支持社会力量办学。1989 年 5 月，为了进一步鼓励与规范民间资本办学，新余市打破常规，解放思想，破天荒地成立了一个事业单位——新余市社会力量办学管理委员会，该单位有专门的办公室和专门的工作人员，负责第一时间协调解决民间资本在办学过程中所遇到的各种问题与麻烦。1991 年以后，新余市政府先后下发了《新余市实施〈社会力量办学条例〉办法》《新余市社会力量办学机构招生广告管理的规定》《新余市社会力量办学印章管理暂行规定》等。

1992 年，新余市电子技术学校升格为民办大专高校，即江西渝州电子工业专修学院（简称"渝工学院"或"渝工"），这标志着新余市的民办职业教育的发展开始进入一个新的层次。一批原先举办培训班的民营企业家开始纷纷开办民办学校，如黄海涛于 1986 年开办了新余市中等专业技校（江西东华科技专修学院前身）、詹慧珍于 1989 年开办了华丽服装中专学校（赣西科技职业学院前身）、曹国贵于 1994 年开办了新余市中等科技学校（江西江南理工专修学院前身）。1995 年，江西中山电子计算机专修学院成立，后又分别改名为江西中山职业技术学院、江西太阳能科技职业学院、江西新能源科技职业学院。

1993 年，新余市政府无偿划拨了 30 亩土地给江西渝州工业专修学院（今江西工程学院），这是新余职业教育发展史上的一个具有里程碑式的大事，起到了引擎的作用，从此，该市的职业教育开始步入快车道。1993 年以后，新余电子计算机学校、新余财税金融中等职业学校、南方电脑学校、星达机电技术培训学校、新世纪中等专业学校等学校纷纷成立。

在这个阶段，新余市的中职教育包括职高、中专等，办学体制是"国主民辅"，即以政府为主体、社会力量为辅助。1992 年，邓小平南方谈话和党的十四大之后，中国确立了建立社会主义市场经济体制的改革开放路线，珠江三角洲、长江三角洲、浙江和福建沿海经济繁荣，需要大量的技术工人，新余市人民政府大力扶持职业教育的发展，从此，新余市的职业教育开始启动了。

截至 1994 年年底，整个新余市共有 26 所职业学校，在校生 38251 人，毕业生 32481 人，招生人数为 29345 人。①

二、1995 年至 2000 年的扩张期

为了让新余市的职业教育更上一个台阶，1995 年，新余市人民政府召开了一个高规格的会议，这也是 1983 年复市以来第一个关于职业教育的会议，会后，市政府下发了一份红头文件——《关于发展职业技术教育的通知》，该文件要求新余市、渝水区、分宜县要重点建设一批示范性职业高中，并在办学体制、招生就业制度与学校管理等领域，进行大胆的改革创新。

1997 年，新余市职业教育领导小组被进一步充实、调整，市政府对职业教育的统筹管理得到了进一步的加强，在公立职业学校内进行了"国有民办"的改革实验。

1999 年，新余市开始大力发展公办职业教育。原新余市职业高中与新余市师范学校合并，在元月份成立了新余市职业教育中心，并顺利地通过了该年国家级重点检查评估。2001 年 3 月，新余市政府把新余市职业高中、新余市职业中专、新余市劳动技校三所学校合并为新余市职业教育中心，同年 6 月，该校被列为国家级重点职业高中。

同时，私立职业教育也得到了高速的发展，1998 年 4 月，新余市编委会批准成立了一个正科级事业单位，即新余市社会力量办学管理中心，新余市是全江西省第一个成立私立教育管理单位的地级市，从而极大地助推了私立教育的发展，规范了其办学行为。

截至 2000 年，全新余市共有公立、私立职业学校 39 所，在校生为 63790 人，毕业生为 54521 人，招生人数达到 46121 人。

---

①国家教育行政学院．国家教育体制改革试点阶段性案例研究基础教育卷 ［M］．北京：教育科学出版社，2016，09：225．

三、2001 年至 2006 年的鼎盛期

进入 21 世纪之后，新余市的私立职业教育激进发展，一些发展水平比较高的私立学校开始拓展校园，提升办学档次。2000 年，黄海涛创办的新余市中等专业技术学校升格为民办大专高校——江西东华科技专修学院；2001 年，张亢主办的新余市中山电子技术学校提升为民办大专高校——江西中山电子计算机专修学院（今为江西新能源科技职业学院）；2002 年 5 月，曹国贵创办的新余市中等科技学校提升为民办大专高校——江西江南理工专修学院；2003 年 1 月，新余财税金融中等职业学校提升为民办大专高校——江西天工科技专修学院。2003 年 2 月，华东旅游酒店管理学校投资 340 万元买下仙女湖河下镇政府大院作为校园，并在学校附近又征地 50 亩扩充校园，学校办学特色明显。

私立中专、技校也得到了跨越式发展，一批具有独立校园、办学特点的民办中专、技校如雨后春笋般纷纷涌现。

2005 年，新余市人民政府下发了《关于加强中等职业学校教育教学管理的通知》，要求各公私中等职业学校提高教育、教学质量。同年 4 月，新余市举办了全国民办中等职业教育工作经验交流会，12 月，新余市政府被国务院教育部评为全国职业教育先进单位。2005 年 7 月 14 日、2006 年 9 月 21 日《人民日报》头版头条以《职业教育的新余现象》和《新余职业教育显生机》为题，报道了该市职业教育改革与发展情况。该市的民办职业教育在全江西、全中国产生了巨大的影响，一个面积小、人口少、地处内陆的小地级市办出了声势浩大的职业教育，被教育部的专家夸奖为"新余现象"。

在 2005 年，全新余市共有各级各类职业教育机构 53 所，在校学生总数约 7 万人，教职工 3800 多人，固定资产达到 5.6 亿元，学校占地面积 4500 多亩。全市中职与普高招生比例为 65：35，在校生比例为 59：41，在全江西省率先达成了国家发展职业教育的目标。

7 万职校学生在新余学习，吃、穿、住、行、用、娱都在新余，有力地拉动

了该市的消费，繁荣了第三产业，助推了本地市民的就业，为新余市经济与社会的发展做出了一定的贡献。新余市职校在校生日均消耗猪肉 1.2 万公斤，大米 3.6 万公斤。以在校生年均消费 1 万元计算，新余每年从市外集聚资金 7 亿元，直接带动了公交、通信、商贸、服装、房地产、文化娱乐等行业的发展，基本形成了一所学校繁荣一条街的格局，甚至出现了学期开学初学校周边的商场、超市一购而空的现象。近 7 亿元的学生消费，加上每年近两亿元的固定资产的投资，让新余市职业教育对该市 GDP 增长的贡献率为 13.7％以上。①

2006 年，新余市政府颁布了《全市职业教育"十一五"规划》《新余市中等职业学校教育教学管理工作意见》，规范指导新余市的中职教育的教学工作。对全市的公办、民办职业中专的办学情况进行了检查、督导和评估。公立的市职业教育中心被教育部确定为全国职业教育半工半读百校试点校。

这个阶段，是新余市职业教育发展的昌盛时期，截至 2006 年 12 月，整个新余市有职业教育机构 51 所，在校生 9 万多人，万人以上的民办职业院校有 4 所，教职工达到 5000 多人，总资产为 8 亿多元，校园面积达到 4995 亩。②

在 2006 年，新余市比较知名的职业院校有 24 所，如表 12－2 所示。

表 12－2　2006 年新余 24 所知名职业院校基本情况

序	名称	毕业生数（人）	在校生数（人）	备注
1	江西渝州科技职业学院	2677	20000	江西工程学院
2	赣西科技职业学院	0	10000	
3	江西中山电子计算机专修学院	不详	13000	江西新能源科技职业学院
4	江西东华科技专修学院	不详	2000	
5	新余钢铁有限责任公司职工大学	0	378	江西冶金职业技术学院

①漆权主编 . 江西省民办职业教育的探索与实践 ［M］. 南昌：江西高校出版社，2005，04：16－24.

②中共江西省委教育工委，江西省教育厅 . 江西教育发展 ［M］. 南昌：江西高校出版社，2009，10：112－113.

续表

序	名称	毕业生数（人）	在校生数（人）	备注
6	新余市职业教育中心	1369	4732	新余市中等专业学校（新余市技师学院）
7	新余市渝州高级职业学校	1061	12027	新余新兴产业工程学校
8	新世纪中等专业学校	358	1241	
9	江西省赣西理工中等专业学校	1946	7254	
10	江西江南理工专修学院	646	2606	
11	新钢中等职业技术学校	359	1837	
12	江西天工科技专修学院	853	4087	
13	中大电脑科技学校	197	756	
14	新余市南方理工学校	162	1653	
15	新余市工业科技学校	66	1065	
16	新余司法警官学校	0	901	
17	新余江南科技学校	200	1076	
18	华东旅游酒店管理学校	302	1137	
19	江西高等科技学校	318	1382	
20	新余人民广播电台职业技术学校	0	1374	
21	渝水区职业技术教育中心	586	1457	
22	分宜县职业技术学校	138	790	
23	分宜县群英文武学校	0	362	
24	江西东方科技学校	0	526	

资料来源：（1）漆权主编．江西省教育事业统计年鉴（2006）［M］．南昌：江西高校出版社，2008，07：48，52，522．；（2）周少林．江西省新余市民办职业教育机构发展战略初探——兼论江西中山电子计算机专修学院发展战略［D］．复旦大学硕士学位论文，2005．

四、2007 年至现在的平稳期

2007 年以后，新余市职业教育的发展遇到了困难，许多职业教育机构因为没有生源而倒闭。其原因是：一是全国各地的职业教育机构遍地开花，新余职业教育的比较优势式微。二是计划生育政策导致适龄青少年减少。三是高考扩招导致高考录取分数线下降，许多青少年选择接受普通教育而非职业教育。最直接的后果是：职业教育的生源急剧减少，学校之间的生源争夺战日益白热化，新余职业教育的生存空间被压缩了。

为此，新余市政府颁发了《新余市城区教育结构调整和教育网络工程建设实施方案》，决定在新余市技工学校的基础上成立新的职业教育中心，并将新余职业高中、中等职业技术学校并入其中，划归新余市教委管理。①

到 2012 年，新余市职业教育机构数量从 2010 年的 53 所下降为 31 所。

到了 2016 年，新余市共有各类职业院校 20 所，但有一半学校多年没有全日制在校学生，正常运营的职业院校共有 8 所，其中公立的两所——新余市职业教育中心、江西冶金职业技术学院；民办的有 6 所——江西工程学院、赣西科技职业学院、新余市司法警官学校、江西康展汽车科技学校、新余中等科技学校、江西新能源科技职业学院。②

截至 2021 年 9 月 27 日，新余市共有职业院校 13 所，其中本科院校 1 所（江西工程学院）、高职院校 3 所（江西冶金职业技术学院、赣西科技职业学院、江西新能源科技职业学院）、中职学校 9 所（新余市中等专业学校、新余市司法警官学校、新余新兴产业工程学校、新余特种防卫学校、江西省中山电子计算机中等专业学校、江西康展汽车科技学校、江西科技中等专业学校、新余市渝水职业技术学校、分宜职业技术学校），开设专业 120 多个，形成了以

①刘冬，罗玉峰.跨越新余学院升本纪实［M］.南昌：江西美术出版社，2011，01：246.

②彭清勇.新余市职业教育发展研究［D］.江西财经大学硕士学位论文，2016.

应用型本科为龙头、高职为骨干、中职为基础的办学大格局。① 全市职业教育，每年招生 2.5 万多人，在校生约 8.6 万人，职业教育人口近 10 万人，约占全市人口的 7%，接近历史最高点，职业院校在校生占人口比全省领先。②

此外，近年来，新余绣娘（绣匠）在夏布上舞动青春，使我市传承的"夏绣"驰名中外，她们同样在传播着天工开物文化的精髓——工匠精神。

虚心的宋应星在工匠们的支持下，完成了《天工开物》这部科技巨著。历史证明，正是天工开物文化孕育了这片工匠（蓝领）的摇篮；正是天工开物文化崇尚能工巧匠的实学传统、务实作风在新余完美演绎，成就了新余的职业教育。

第六节　和谐理念促新余成山水美市

天工开物文化中的生态哲学是当代生态文明的滥觞，晚明的宋应星阐述并践行了尊重自然界与自然力的生态哲学观。该生态哲学观体现了古代天人合一、万物并育、和合共生、道法自然的理念，即自然界和人类应友好相处，自然力（天工）与人工技艺应当相辅相成地生产万物，只有在尊重天然界、天人和谐的前提下，才能开发物产，助推生态经济健康而良好地发展。天工生态哲学符合新发展理念中的绿色发展观的要求，是新余市建设生态文明的原动力，推动了新余现代生态文明的建设，让新余成为著名的山水美市。

新余是赣西工业强市，钢铁、锂电新能源、电子信息、装备制造、纺织鞋服、非金属新材是其六大支柱产业，在 2023 年，该市的三次产业结构为 5.9：40.5：53.6，是一座典型的重化工业城市。

新余位于江西中西部，生态环境本来比较良好，但由于历史上长期进行矿产资源的开发与利用，导致该市部分区域的水质、土壤被污染，给生态环境造成了比较严重的损坏。

---

①汪辉明．新余市扎实推进现代职业教育发展［EB/OL］，江西教育网．（2021－03－12）［2022－07－18］．http://jyt.jiangxi.gov.cn/art/2021/3/12/art_25537_3270728.html.

②李佩文，胡剑．新余教育兴市竞芳菲［N］，新余日报，2021－09－27，01.

为了破解生态危机，新余市继承并发扬光大天工生态哲学观，开始积极寻找思路和对策。

一、新余的水环境保护与治理工程，让水更清了

仙女湖位于新余市西南 16 公里处，是中国著名的湖泊型风景区，被誉为"七仙女下凡地"。仙女湖是新余市亮丽的名片之一，水资源十分丰裕，有水库 333 座、山塘 2293 座。多年来，新余人民靠水吃水，禽畜鱼养殖业发达，带来可观收入的同时，导致许多河流污秽不堪，岸上垃圾废渣堆积如山。

最早意识到保护生态环境的是生活在仙女湖湖畔的农民们。1985 年，仙女湖联营公司和仙女湖沿湖的 2000 多户村民约定：不准在仙女湖网箱养鱼和下粪养鱼，要共同保护仙女湖及其周边的生态环境。作为回馈与答谢，该公司每年给村民发放有机鱼，这些鱼是人放天养的。在 2019 年，每位村民可以以每斤 2 元的价格购得七八斤公司的有机鱼。

洞村乡也在 2008 年意识到了保护生态环境的重要意义。洞村乡是新余市母亲河——孔目江的源头，该乡涂塘村，许多个泉眼汇聚成洞村河，该河东流入渝水区，注入孔目江。

在 2008 年之前，洞村乡的水库被来自福建的客商承包了，他们在水库中养鳗鱼。水库养鳗的产值高，利润厚，年产值高达 200 多万元，每年纯利润至少有七八万元。

2008 年之后，洞村乡为了保护生态环境，保护孔目江的水质，关闭了养鳗场，从下粪养殖改为人放天养。虽然收益至少减少了一半多，但洞村乡政府与人民认为，"金山银山不如绿水青山，绿水青山就是金山银山。"[1] 保护新余的母亲河，为子孙后代留下绿水、青山、蓝天，就是保住了他们的衣食之源，保住了洞村乡的将来。为了保护孔目江的水质，洞村乡关闭了雷公坡采石场等

①吴季松.生态文明建设［M］.北京：北京航空航天大学出版社，2016，01：133.

工矿企业，关闭了对水质产生污染的养殖业，实行转业和转产。要知道，洞村乡的企业数量很少，财政收入来源少，要做出这个决定是需要很大的决心与勇气的。

2013 年后，新余市的水环境保护与治理工程日益兴盛。2013 年 7 月，新余成功成为中国第一批水生态文明建设试点城市，翌年 6 月，江西省人民政府批复《新余市水生态文明城市建设试点实施方案》，新余的水生态文明城市建设试点工作由此全面开展了。

截至 2016 年年底，全市共投入资金 30.37 亿元，完成了 34 个工程建设项目。取得了良好的社会、经济与生态效益。2016 年 1 月，新余市根据《关于全面推行河长制的要求》，成立了河长制工作机构，市、县、乡三级均成立了河长制办公室，安排了专职工作人员。制定了《新余市实施"河长制"工作方案》，建立了区域与流域相结合的市、县、乡、村四级河长制组织体系。除了各级总河长、副总河长外，明确了市级河长 5 人、县级河长 31 人、乡级河长 132 人、村级河长 621 人、巡查员（专管员）502 人、保洁员 1791 人。①

2017 年 2 月 20 日，新余市委正式做出"保家行动"的重大决策。该决策决定实施三大整治工作：一是整治畜禽养殖业污染；二是整治水库承包养殖污染；三是整治工业污染。所谓保家，就是保护新余大家庭的生态环境，保护每一个小家庭的身心健康。该行动要求：在翌年 12 月底之前，整个新余市一切水库的水质不低于地表水环境质量的Ⅲ类标准，仙女湖、袁河、孔目江、袁惠渠以及一切水库、山塘的水环境质量被明显改善。②

2017 年 6 月 30 日，新余市水生态文明城市建设试点专家来到新余进行技术评估，评估结果表明：仙女湖、孔目江这两个主要饮用水源保护区内的水质稳定为Ⅱ类。

---

①何绍辉. 新余市出台全面推行河长制工作方案［EB/OL］，新余新闻网络.（2017−06−26）［2022−08−08］. https://jxxy. jxnews. com. cn/system/.

②郑颖. 新余开展水环境治理"保家行动"［N］. 光明日报，2018−03−09.

在实施"保家行动"以来，整个新余市 2626 座山塘水库全部实现人放天养，7267 家畜禽养殖场关停、搬迁或生态化改造。养鱼的网箱被拆除了，养猪场被关闭或被改造了。关停的养猪场，代之以草皮与树林。50 多个工矿业排污口被整改"闭嘴"了。据 2019 年数据显示，新余 43 个断面达标率从达标率低于 50% 提升到了 84%。

此外，新余市还采取以下措施来治理水环境：一是建设生态滤场；二是建设挺水植物消减带；三是建设沉水与浮叶植物群落带；四是进行河道清淤等措施。例如，分宜县钤东办事处拿出 40 万元专项资金，对万溪河的水葫芦进行整治。2017 年年初，万溪河的水质为劣 V 类，到了 2019 年年底，水质提升为 III 类。

新余市推行"厕所革命"。2018 年，新余市率全江西省之先，大力推进"厕所革命"，对全市一切农村公厕进行改造、提升和新建，保证每个自然村至少有一座水冲式无害化公共厕所。截至 2023 年 8 月，全市已完成改造农户卫生厕所 18.59 万户，农村卫生厕所普及率达 83.27%，超过全省 78.2% 的平均水平。①

由于新余市各级政府大力实施水环境治理工程，新余市水美鱼肥、千鸟共翔的美丽生态画卷已经开始展现了。

二、新余的土壤污染防治工程，让山更绿了

新余市储藏有铁、煤、钨、铜、铅、锌、汞、金、银、硅灰石、石灰石等 30 多种矿产资源，是一座以铁矿为主的、典型的资源型城市，是中国南方重要的钢铁工业基地，其中硅灰石（$CaSiO_3$）储量为世界第一。

新余是一个矿产资源型城市，在以前的新余，全市最多的时候有 1000 多家非煤矿开采及矿产品加工企业，大约每 12 平方公里就拥有一家非煤矿开采

① 全市农村厕所革命工作现场推进会召开 ［EB/OL］.（2023－08－14）［2024－05－26］. 新余市农业农村局 . http://nyj. xinyu. gov. cn/nyj/zwdt/2023－08/17/content_b8de916ced554780a1c355aec31274a1. shtml.

及矿产品加工企业。虽然少数商人通过挖矿或加工矿产品发家致富了，但带来的生态污染也十分严重。据不完全统计，整个新余面积约 145 平方公里的矿区中，因为生态污染而急需治理的国土面积达到 30 多平方公里，占比 21%。①

在矿山开采过程中，各种废石、尾矿、废渣、废液等，在风化雨淋过程中，有害元素渗入水土中，导致生态环境被污染了。

有新余绿肺之称的毓秀山、蒙山、大岗山、百丈峰、九龙山的生态环境也遭到了一定的破坏，山体受损，城市的生态和景观被破坏了。

2014 年 4 月，该市颁布了《新余市"五山"山体管理办法》，成立了高规格的"五山"保护利用工作领导小组，市长任组长，21 个部门与单位的领导为组员，高站位地推动了"五山"保护利用工作。②

从 20 世纪 80 年代开始，新余市仙女湖区九龙山铁矿开始出产铁矿，矿区面积达到 900 多亩。从 2013 年开始，该矿区的废弃矿区得以平整，500 多亩的杉树被栽种下去了。经过几次改造提升，水冬瓜树、黄檀树等 20 多种植物长势良好，裸露的山体基本上被覆盖了。

从 1958 年开始，新余市花鼓山煤矿的皇化矿区在新余市的观巢乡、欧里乡、双林乡境内，该矿区一直在开采，为新余的经济与社会发展作出了一定的贡献，但废弃矿区带来了一定的生态问题，如山体裸露、植被破坏、水土流失、土壤退化，严重地影响了当地人民的生产与生活。新余市明确生态修复责任方，引入绿色金融资本，前后投入 8100 万元人民币，对废矿区的生态环境进行升级改造，恢复生态绿色，削高废渣山，填平废弃的矿坑，覆盖土壤，种植乔灌藤草植物，修建截排水沟等工程，提升水土涵养能力，改善地貌景观，提升矿区水质。在此基础上，新余市相关部门把近 300 亩闲置土地建设为光伏

---

①江西省生态环境局 . 新余市强力推进非煤矿山综合治理工作［EB/OL］.（2018－08－10）［2022－08－08］. 江西省人民政府，http://www.jiangxi.gov.cn/art/2018/8/10/art_399_204592.html2018－08－10/2022－08－08.

②方雪 .《新余市"五山"山体管理办法》4 月 1 日起施行［N］. 新余晚报，2014－04－15.

发电站，摸索出了"生态修复＋新能源"的绿色转型道路，达成了一举两得的效果，即生态修复与产业转型两不误。

位于仰天岗国家森林公园内的观巢林场铅锌矿区，离新余市第四水厂不到1公里。该矿区从20世纪90年代就开始开采，矿区内堆满了含有重金属的废矿渣，植被破坏了，水土流失严重，下雨天，黄褐色的污水夹杂着大石块，横冲直撞。2008年，新余市关停了该矿区。2014年实施"五山"保护工程之后，新余市开始对观巢林场铅锌矿矿山实施复绿工程，这也是该市"五山"区域内首个生态修复工程项目。[①] 如今的观巢林场铅锌矿尾矿区内，油桐树、枫香树、无患子树等工业油料树木及其他经济林木郁郁葱葱，绿意盎然。这种"生态林＋经济林＋景观林"的治理模式，取得了良好的生态修复效果。

新余市分宜县分宜镇水北村通过对村内废旧矿山覆绿整治与土地流转，把2000多亩废弃矿山开发成果园，种植上黄金贡梨、新余蜜橘、葡萄、油茶、丹桂等，在2018年，该村带动村民人均增收2000多元，村级集体经济收入达86万元，一起走向了产业兴村之路。

关停不易，养山更难。那些岩石裸露的非煤矿山，生态基础薄弱，石头堆积，土壤厚度薄，养山难度大，散播下去的种子、树苗，一下雨便被冲走了，被视为人工造林的禁区。针对这个问题，分宜县双林镇的凹下矿山，摸索出了一种新的矿山复绿方法，让石头山变成了花草山。具体做法是：石山被开辟成梯田，梯田内覆盖了土壤，种植上耐旱和耐瘠的霸王草、迎春花，再覆盖上透气钻孔的绿膜，通过养护灌溉，花草便生长起来了。水管引水上山坡，喷洒浇灌被绿膜覆盖的霸王草、迎春花。一层为霸王草，另一层为迎春花，分层栽种。

为了让山体生态环境得到改良和优化，2019年6月26日，新余市人民政

---

①方雪.《新余市"五山"山体管理办法》4月1日起施行［N］.新余晚报，2014－04－15.

府下发了《新余市加强生态环境保护，推进非煤矿山综合治理实施方案》的文件，该文件规定：从 2019 年 6 月 26 日开始，新余市不再审批新设小规模的非煤矿企业，同时，加大马力，综合法律、行政、经济等手段，治理非煤矿山。

新余市还成立了市、县（区）、乡、村四级"一长两员"的管理体系，实行网格化管理，夯实了森林资源保护组织体系。

截至 2023 年，新余市的森林覆盖率达到 52.74%，[①] 先后荣获"国家森林城市""国家园林城市""全国绿化模范城市"等光荣称号。人民日报新媒体全国两会宣传片《大美中国》展示了全江西省三个地方的镜头，其中就有新余市良山镇的八百桥。

滴水穿石、久久为功的生态治理与保护，改善了新余的水质和山貌，催化了的产业转型，助推了生态经济的发展，为新余带来了优厚的绿色福利，也更加坚定了新余人走绿色发展和生态文明道路的信心。

正是天工生态哲学中的天人合一、万物并育、和合共生、道法自然等理念唤醒了新余人民的生态意识，为新余生态文明的建设提供了原动力，为新余成为社会主义现代化民生城市提供了助推力；也正是天工生态哲学中的天人合一、万物并育、和合共生、道法自然等理念，让一座工业城市成为全国百强宜居城和山水美市。

---

① 新余市自然资源局. 新余市国土空间生态修复规划（2021—2035 年）［EB/OL］.（2023—07—11）［2024—05—26］. 新余市人民政府. http://www.xinyu.gov.cn/xinyu/qyfzgh/2023—07/11/content_1632c4514be14a789caf7a2e40e77bf6.shtml.

第十三章　天工开物文化与江西工程学院

天工开物文化（天工文化）是具有中国特色和世界意义的中华优秀传统文化的典型代表，它蕴含着深刻的文化内涵、哲学内涵和广博的科学价值、人文价值、育人价值、时代价值。它是发祥于新余的本土主流有根文化，也是鲜活独特的地方文化。它为江西工程学院的人才培养、科学研究、社会服务、国际交流和文化传承，提供了丰富的思想资源、文化滋养和强大的精神动力。

第一节　国内外对《天工开物》的研究概况

《天工开物》成书之后，由于清政府的文字狱而未被收入《四库全书》，导致它被国内冷落了 270 多年，后在民初被丁文江等人发掘出来，正式在中国出版、传播。和国内不同，《天工开物》在东洋、西洋受到了学术界的追捧，它促进了日本科技意识的觉醒，推动了欧洲科技的整体进步。

一、《天工开物》在我国的命运

大清帝国建立之后，为了巩固政权，大兴文字狱，钳制思想，摧残文化，清帝国的御用文人在编纂《四库全书》时发现宋应星、宋应升、陈弘绪等人有反清思想，《天工开物》中有反清文字，所以《天工开物》从 1644 年至 1927 年，在中国学术界基本失踪了。

在清朝 200 多年中，《天工开物》只是被部分书籍收录了经删改后的内容，比如，成书于康熙四十年至雍正六年（1701—1728 年）的《古今图书集成》便收录了《天工开物》。作为古代百科全书（类书）的《古今图书集成》是由康熙三子爱新觉罗·胤祉和侍读陈梦雷等编纂的，它和《永乐大典》《四库全书》被称为古代三部皇家巨作。

1914 年，地质学家丁文江在云南读《云南通志·矿政篇》时，发现该文引用了《天工开物·冶铸》的文字，这些文字内容翔实，观点新颖。1915 年，他回到北京之后，到处寻找《天工开物》而不得。后来，他的同行章鸿钊告诉他，日本东京帝国图书馆有此书。丁文江托日本的熟人去抄录此书而未遂。又过了六七年，1922 年，丁文江在天津遇到学术前辈罗振玉（罗叔韫），提到了《天工开物》这本宝书。罗振玉说他也找了 30 多年才找到了一本，并把它借给了丁文江。丁文江大喜，可谓是：踏破铁鞋无觅处，得来全不费功夫。罗振玉这本是日本菅生堂于乾隆三十六年（1771 年）刊行的，这是一本普及较广的版本。丁文江看到 57151 字的《天工开物》，如获至宝，重新抄写了一本。他想安排商务印书馆出版，但原书被书虫叮咬得残缺不全，而且错别字很多，语言深奥简略，专业名词术语很多，就算进行了句读，也犹如天书。该书最终没有出版。四年后的 1926 年，章鸿钊从日本带回了一本比较完整的菅生堂本《天工开物》，可以校对罗振玉藏本的残缺。然而，当丁文江句读、翻译、校对到一半的时候，罗振玉把原书讨回去了，因为江苏武进县人陶湘根据日本的尊经阁本《天工开物》和《古今图书集成》内所存的部分，交互校对、整理，已经快出版了。1927 年，在中国学术界失踪了近 300 年的《天工开物》重新出现在中国学术界，此版本便是《天工开物》陶本。陶本订正了菅生堂本的许多错误，原来粗劣不堪的插图，也根据《古今图书集成》重新绘制过了。从 1915 年至 1927 年，丁文江努力了 12 年准备出版《天工开物》的计划，却在陶湘的努力奋斗下，超前一步完成了。至此，《天工开物》终于回到了娘家。

国内研究《天工开物》的学者很多，比较著名的有中国科学院的潘吉星和中山大学的杨维增，被称为"北潘南杨"。潘吉星的代表作为《宋应星评传》《天工开物译注》等，杨维增不但译注了《天工开物》，还译注了宋应星的其他诗文，代表作为《全注全译天工开物》《宋应星思想研究及诗文注译》《宋应星〈思怜诗〉笺注评析》等。

此外，江西省宜春市奉新县宋应星纪念馆馆长徐钟济撰写了《宋应星传》，并在 2010 年出版了。新余市宣传部四级调研员严小平对宋应星及《天工文化》，也有一定的研究。

《天工开物》是具有中国特色和世界意义的中华优秀传统文化的典型代表，蕴含着深刻的文化内涵、哲学内涵和广博的科学价值、人文价值、育人价值和时代价值，而且宋应星是江西人，《天工开物》诞生于江西省，所以江西省对《天工开物》的研究也比较重视。1987 年，由奉新县宋应星纪念馆馆长徐钟济等人牵头，召开了学术研讨会，纪念宋应星诞生 300 周年，并出版了《宋应星研究论文选编》一书。2011 年，江西省新余市成立了天工文化研究院，出版了《天工文化研究论文集》一书。2019 年 1 月 18 日，江西省新余市分宜县召开了"天工开物高峰论坛"。2023 年 12 月 19 日，由江西省新余市社科联牵头，由江西省社科联、新余市委、市政府主办了一个省级学术研讨会——"天工开物文化学术研讨会"。

二、《天工开物》促进了日本的科技觉醒

康熙二十六年（1687 年），《天工开物》一书被中国的唐船经海路运送到了日本长崎港。当时日本正处于闭关锁国的江户时代（1608—1868 年），幕府将军为了巩固封建专制统治，只允许长崎港和大清帝国、荷兰进行经济、文化交流。由于闭关锁国，当时的日本科技、经济十分落后，蔗糖、生丝、陶瓷、茶叶、珠宝、绸缎等工业原材料基本要从大清帝国等国家进口，导致资金大量外流，日本财政枯竭。江户幕府第八代征夷大将军德川吉宗（1684—1751 年）决定通过发展科技和各种改良来解决财政危机。

恰在此时，《天工开物》被引入日本，它为日本朝野提供了一盏璀璨的指路明灯。在该书的指导下，日本的医学科技、矿冶业、蔗糖业、造船业、造纸业发展迅猛，也为日本带来了利工养农、经世致用、农工商并重、重视百工制造、发展生产力、重视资源利用和生产的合理布局、重视商品经济和外贸、重视企

业组织管理和效益、反对高利贷、反对实物缴纳、减轻百姓负担、精兵简政、整顿盐政等经济思想。为此，日本学术界兴起了一门新兴的学问——开物之学。

总之，《天工开物》促进了日本江户时代的科技意识的觉醒，让日本从愚昧、野蛮、落后走向文明、开化和兴盛。

三、《天工开物》推动了欧洲科技的整体进步

在康熙末年，即18世纪初期，《天工开物》被传教士带入了欧洲，引起了法国学者茹理安（儒莲，Stanislas Julien，1797—1873年）和英国学者达尔文（Charles Darwin，1809—1882年）的推崇。

通过他们的推介，《天工开物》从整体上推动了欧洲科技的进步，促进了欧洲制墨业、铜合金业、养蚕业、生丝业、造纸业等产业的发展。

《天工开物》推动了欧洲制墨业、铜合金业的发展。1833年，法国学者儒莲把《天工开物·五金·丹青》中制墨、制铜合金的技术，翻译成法文，分别发表在法国刊物《化学年鉴》和《科学院院报》上，不久此两文被翻译成了英文、德文。以前，欧洲人从中国进口墨、铜合金，但不知道技术要领和配方，阅读了儒莲的相关译文之后，欧洲人获得了他们摸索了很久而想知道的技术要领和配方。从此，欧洲人可以自己大量生产墨、铜合金了。

《天工开物》促进了欧洲养蚕业、生丝业的发展。在18世纪，欧洲的桑蚕业由于技术落后，日益萎缩。1837年，法国工部、农商部委托儒莲把《天工开物·乃服》中养蚕部分翻译成法文，儒莲参考了清代鄂尔泰等人编纂的农书《授时通考·蚕桑门》，翻译成了一本小册子——《桑蚕辑要》，由巴黎皇家印刷厂出版了。从1837年起，在10年之内，该书被译成了意大利文、德文、俄文、英文、希腊文和阿拉伯文等，流行在欧洲、美洲、非洲，内有4种是国家元首或内阁大臣下令翻译、出版的官刊本。欧洲各国蚕农学到了《天工开物》中载述的桑蚕技术，推动了桑产业、生丝业的发展，经济与社会效益明显。

《天工开物》化解了欧洲造纸原料危机。尽管欧洲早在12世纪就学会了造

纸，但原料比较单一，主要用破衣烂衫为原料制造麻纸。18 世纪之后，欧洲用纸量直线上升，但破衣烂衫是有限的，于是出现了造纸原料的危机。1840 年，法国学者儒莲把《天工开物·杀青》翻译成法文，刊登在《科学院院报》上，文中指出，野生树皮、竹子、茅草可以充当造纸原料，各种原料还可以混合制造纸浆。很快，法国人、英国人、德国人找到很多造纸原料，让造纸原料危机得到了缓解。

此外，《天工开物》也促进了欧洲的农业、染料业的发展。

上述产业的发展，助推了欧洲整个经济与社会的发展，加速了欧洲工业革命的进程。

第二节　江西工程学院对天工开物文化的理论研究

江西工程学院向来重视传承、弘扬中华优秀传统文化，成立了天工文化研究院，并进行了相关理论研究。

一、成立天工开物文化研究机构

2016 年 3 月，江西工程学院下发文件，正式成立了正处级的学术科研单位——江西工程学院天工文化研究院，院长为刘忠诚教授，2022 年 6 月后，赖晨副教授为该院院长。在校领导的正确领导下，江西工程学院天工文化研究院开展了一系列的工作。

2016 年 6 月，由天工文化研究院承办的江西工程学院第一届天工文化论坛正式召开，市委常委、宣传部部长郭力根和市政协副主席刘超杰出席了会议。

2019 年 1 月 18 日，江西工程学院天工文化研究院院长刘忠诚参加了分宜县举办的"天工开物高峰论坛"。

2021 年，天工文化展厅正式对外开放。同年，天工文化特色资源库正式建成。2022 年 8 月，天工文化研究院官网正式上线。

2023 年 12 月 19 日，江西工程学院天工文化研究院院长赖晨副教授参加了新余市社科联承办的"天工开物文化学术论坛"，同时，江西工程学院校党委委员、校长助理邹建民的论文——《论宋应星的军事思想》，荣获优秀奖。

二、开展天工开物文化的学术理论研究

（一）出版相关书籍、期刊

其一，出版了两本论文集。由江西工程学院天工文化研究院负责编纂，2016 年 11 月，《江西工程学院天工文化论坛文集（第一辑）》由江西人民出版社正式出版了。2019 年 1 月，《江西工程学院天工文化论坛文集（第二辑）》由江西人民出版社正式出版了。2020 年 12 月，关于天工开物文化的研究专刊——《江西工程学院学术论坛·天工文化专刊》出刊了。

其二，出版了一本编著。2022 年 11 月，作为校编新时代高校通识课丛书之一的《天工文化：传承与发扬》一书，由中国传媒大学正式出版了。

（二）发表相关论文

由赖晨、邹建民、刘忠诚等人撰写的《宋应星思想融入"基础课"教学初探》《〈天工开物〉与田野调查》《〈天工开物〉作者宋应星的家世》《论宋应星的军事思想》《天工文化对应用型本科教育促进作用探究》《天工文化对新余市新兴产业发展的探讨》《论天工文化在赣文化中的主导地位》《从"鸟田"到"乃粒"再到"杂交稻"的学术思考》等论文相继在国内学术期刊上发表了。

（三）申报相关课题

由赖晨、廖小春等人主持的国家级、省级课题相继立项，部分已经结题了。如《宋应星思想融入〈思想道德修养与法律基础〉教学研究》《基于应用

型导向的天工文化特色育人研究》《天工文化对应用型本科教育促进作用研究》《地方文化与大学语文教学融合研究》。为江西工程学院应用型人才培养，提供了广博的理论支撑和丰厚的思想资源、文化滋养。

要之，江西工程学院师生员工传承、弘扬了天工开物文化，对天工开物文化进行了一系列的理论研究并取得了一定的成果，这些成果是江西工程学院天工开物文化爱好者、研究者的智慧结晶，体现了他们坚定的历史自信、文化自信，折射了他们对中华优秀传统文化的热爱和执着。

第三节　江西工程学院天工开物文化的育人实践

江西工程学院秉承德才兼修、道正术优的育人理念，形成了天工开物文化引导下的创新创业人才培养特色。"道"为人才培养的目标，为育人指引方向；"术"为人才培养的具体方法，为育人提供了可操作性的技术。

一、天工开物文化引导下的创新、创业人才培养的育人特色

（一）以"道"（为谁培养人、培养什么样的人）育人，即要为党和国家培养具有爱国情怀、务实作风、创新品格、工匠精神、和谐理念等素质的社会主义接班人和建设者

300多年来，"天工开物文化"不仅对既往"渝州"的手工作坊和技术发展产生了深远影响，也对当今新余的职业教育产生了巨大推动力。如今一个120万人口的小城市，各类职业教育在校学生达10万人以上，成为江西"蓝领"（工匠）教育摇篮，被誉为"新余现象"。地处新余的江西工程学院长期受到天工开物文化潜移默化的浸润和滋养，高职阶段作为新余职业教育的领头羊，带动新余职业教育呈跨越式、集群式发展，形成了职业教育领域著名的"渝工效应"。

2014 年升本以来，学校加大力度传承和弘扬天工开物文化，认真贯彻落实习近平总书记关于"职业教育要培养更多高素质技术技能人才、能工巧匠、大国工匠"的讲话精神，将天工开物文化中的爱国情怀、务实作风、创新品格、工匠精神、和谐理念融入应用型人才培养中，写入本科人才培养方案；先后举行了 35 场专家讲座；学校抱石艺术学院部分学生参演了我国首部非遗传承大型儿童音乐剧《天工开物·夏布娃娃》；在学生中自发开展了"天工大讲堂"沙龙活动；在全校开设《天工开物文化》的学术讲座；把天工开物文化元素融入校园文化建设中，如把天工开物文化内涵融入学校的楼宇、桥梁、景观的命名中，在天工校区建有"天工开物园"等育人景观；《中国民办教育》以《发掘天工开物文化精髓创新应用型人才培养模式》为题，推介了学校在"天工开物文化"育人方面取得的成效。

（二）以"术"（怎样培养人）育人，即用"四位一体"来达成上述育人目标

2005 年，江西工程学院实施了人才培养创新工程，2011 年开设了创新人才培养试点班，2015 年成立了创新创业学院。学校凝练了"教学改革—学科竞赛—创新实践—项目转化"四位一体的创新创业人才培养特色，其框架如图 13—1 所示。

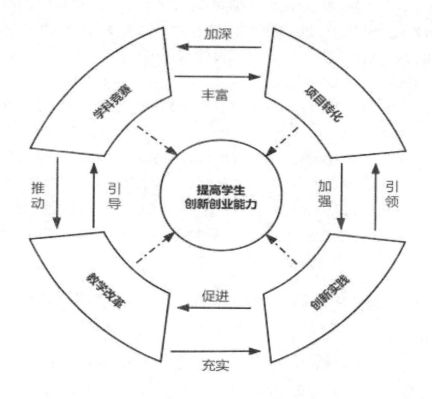

图 13-1　"四位一体"框架图

一是"教学改革"。学校不断探索项目式、研讨式、案例式等先进教学方法。开设创新方法理论（TRIZ 理论）课和跨学科综合类课程，推动专业教育和创新创业教育深度融合，形成多层次、立体化、菜单式的课程体系。

二是"学科竞赛"。学校持续推进江西省人民政府"以赛促教，以赛促学，双促机制构建"项目实施，构建了知识、技能、综合实践、创新创业四类型学科竞赛。

三是"创新实践"。现有省级大学科技园、创业孵化基地、创业实践基地作为创新创业教育主阵地，开展产学研协同育人。2019－2021 年先后有 7 个项目被列为教育部产学合作协同育人项目，同时与新余钢铁股份有限公司、华为技术有限公司等企业开展深度合作教育。每年选派一批新生代表赴深圳等沿海地区的企业参观考察，感受创新创业教育的时代气息。聘请优秀校友为创业导师，面向全体学生开展创新创业教育讲座。选派学生参与校友企业跟班学习，为学生创新创业积累实践经验和人脉资源。

四是"项目转化"。学校鼓励和支持学生参与自主创新、服务外包、校内工程、创新创业四类项目的创新实践实施项目成果转化，进一步激发学生创新创业能力。

二、天工开物文化引导下的创新创业人才培养的育人成效

2014 年升本后，根据江西省教育厅每年公布的全省 100 多所高校创业人数统计数据，学校 2019—2024 年本科毕业生创业人数位于前列。

建校 40 多年来，江西工程学院为国家培养了应用型人才 20 余万人，7 位校友受到党和国家领导人的接见。据不完全统计，截至 2023 年，江西工程学院校友返赣投资总金额为 320 亿元左右，提供了 26000 多个就业岗位（见表13－1）。江西工程学院连续 8 年代表江西省参展中国科技第一展——中国国际高新技术成果交易会，2 项产品获优秀产品奖，是我省唯一的获奖高校。

表 13－1　江西工程学院校友近年返赣投资情况

单位：亿；人

姓名	投资地	企业名称	投资额	就业数	专业
孙清焕	吉安、新余	吉安市木林森光电有限公司、吉安市木林森光电显示有限公司、江西省木林森光电科技有限公司	181	15000	电子信息
李国平	南昌	江西鸿利光电有限公司	40	2500	电子信息
蓝国贤	上饶	晶艺光电科技（江西）有限公司	20	1000	电子信息
袁昌龙	赣州	赣州市牧士电子有限公司、江西恩科科技有限公司	20	1500	电子信息

续表

姓名	投资地	企业名称	投资额	就业数	专业
曾广文	吉安	吉安市雄霖智能装备有限公司、江西科霖环保装备有限公司、江西科霖环保科技有限公司	20	2000	机电一体化
王喜苓	赣州	江西吉安盛洋科技有限公司	20	500	电子信息
张国林	赣州	江西弘耀达通讯有限公司	5	500	电子信息
宣江	抚州	南丰县佑晨电子科技有限公司	5	500	电子信息
汪小强	赣州	江西善行智能设备制造有限公司	3	500	电子信息
易海平	宜春	江西青松沃德生物识别技术有限公司、江西指芯智能科技有限公司等 8 家	6	2000	计算机
合计			320	26000	

资料来源：

1. 于永清. 江西工程学院：从"老区育人特区用"向"特区人才老区用"华丽转变 ［EB/OL］.（2023－12－22）(2024－1－14). https：//news. sohu. com/a/746321671_120650251.

2. 吉安木林森：扎根革命老区，培育一片新"森林 ［EB/OL］.（2023－7－31）(2024－1－15). https：//www. zsnews. cn/index. php/news/index/view/cateid/35/id/710968. html.

3. 江西木林森科技有限公司 ［EB/OL］.（2014－10－17）(2024－1－15). https：//www. jobui. com/company/12616008/.

江西工程学院校友具有爱国情怀，始终不忘科技报国、实业报国。李国平、孙清焕、吴力诚、曹国平、刘超胜等校友，从事 LED、芯片等高科技产业，传承与弘扬天工开物文化的务实作风、创新品格、工匠精神、和谐理念，为改造传统生产力，为发展新质生产力，作出了卓越的贡献。其中，李国平荣获"国家科学技术进步一等奖"，孙清焕荣获"全球半导体照明产业发展杰出贡献奖"，吴力诚、曹国平、刘超胜在芯片产业进行深耕且硕果累累。

天工开物文化指导下的创新创业人才培养特色，受到党和政府及社会各界的充分肯定。2011 年学校董事长杨名权在教育部举办的中英职业教育政策对话会上作经验交流，2017 年和 2019 年校长张晨曙先后两次接受江西教育电视台邀请做创新创业教育经验交流。《人民日报》以《让大学生从"小"做起》为题、《江西日报》以《奋力迈步在创新创业教育之路》为题作了报道，多家主流媒体报道学校创新创业教育 130 余次。

参考文献

一、专著

［1］宋应星.天工开物译注［M］.上海：上海古籍出版社，2016.

［2］宋应星.天工开物［M］.杨维增译注.北京：中华书局，2021.

［3］宋应星.利工养农《天工开物》白话图解［M］.夏剑钦译注.长沙：岳麓书社，2017.

［4］潘吉星.宋应星评传［M］.南京：南京大学出版社，2006.

［5］杨维增编著.天工开物新注研究［M］.南昌：江西科学技术出版社，1987，03.

［6］杨维增编著.宋应星思想研究及诗文注译［M］.广州：中山大学出版社，1987，09.

［7］郑克强主编.赣文化通典·宋明经济卷［M］.南昌：江西人民出版社，2013，1.

［8］赵翰生.中国古代纺织与印刷［M］.北京：商务印书馆，1997：110－111.

［9］刘宗华，李珂.中外科学家发明家丛书宋应星［M］.北京：中国国际广播出版社，1998：17－19.

［10］李宁.江苏历代文化名人传［M］.南京：江苏人民出版社，2020：125－127.

［11］刘宗华，李珂.中外科学家发明家丛书宋应星［M］.北京：中国国际广播出版社，1998：17－19.

［12］付守永.工匠精神［M］.北京：中华工商联合出版社，2020.

［13］刘辙主编.工匠精神［M］.上海：上海交通大学出版社，2020.

［14］刘建军主编.工匠精神［M］.北京：中共党史出版社，2020.

［15］梦婷编著.工匠精神［M］.北京：应急管理出版社，2020.

［16］黄震编著.工匠精神［M］.北京：北京工业大学出版社，2017.

［17］梁启超著.中国近三百年学术史［M］.武汉：崇文书局，2015.

［18］王锦光，洪震寰编写.中国古代物理学史话［M］.石家庄：河北人民出版

社，1981.

[19] 胡建华主编.新余市教育志［M］.南昌：江西高校出版社，2009：185—201.

[20] 漆权主编.江西省教育事业统计年鉴（2006）［M］.南昌：江西高校出版社，2008：48，52，522.

[21] 漆权主编.江西省民办职业教育的探索与实践［M］.南昌：江西高校出版社，2005.

[22] 邓国光，黄珍珍主编.职业教育分层次办学从供给驱动到需求驱动［M］.苏州：苏州大学出版社，2006：236—252.

[23] 周瀚光.周翰光文集：第1卷中国科学哲学思想探源上［M］.上海：上海社会科学院出版社，2017：84—87.

[24] 匡亚明.宋应星评传［M］.北京：中国电影出版社，2005.

[25] 张广军编著.宋应星［M］.北京：中国国际广播出版社，1998.

[26] 王真著.宋应星［M］.天津：新蕾出版社，1993.

[27] 聂冷著.宋应星［M］.北京：新华出版社，2003.

[28] 管成学，赵骥民主编；潘吉星编著.中国的狄德罗：宋应星的故事［M］.长春：吉林科学技术出版社，2012.

[29] 刘林编著.宋应星和《天工开物》［M］.北京：科学普及出版社，1987.

[30] 郭蓉，温书贵编文；陈凯等绘画.实学大家宋应星［M］.海口：海南国际新闻出版中心，1996.

[31] 中国古代工艺学史话，闻兰主编.从墨翟到宋应星中国古代工艺学史话［M］.贵阳：贵州教育出版社，2013.

[32] 刘宗华，李珂.中外科学家发明家丛书：宋应星［M］.北京：中国国际广播出版社，1998.

[33] 赖晨，廖小春.天工文化：传承与发扬［M］.北京：中国传媒大学出版社，2022.

[34] 朱虹，龙溪虎.宋应星画传［M］.天津：天津人民美术出版社，2024.

[35] 宋应星，曹小欧注释.天工开物图说［M］.济南：山东画报出版社，2020.

二、论文

［1］严小平．如何打造我市"天工开物文化"品牌［A］．新余市天工开物文化研究会．天工开物文化研究论文集［C］．2011.5.

［2］徐若华．有关《天工开物》本土遗址遗迹的保护与利用［A］．新余市天工开物文化研究会．天工开物文化研究论文集［C］．2011.5.

［3］习小勤．宋应星的科学成就及在分宜著就《天工开物》［A］．新余市天工开物文化研究会．天工开物文化研究论文集［C］．2011.5.

［4］张爱华．《天工开物》书说分宜［A］．新余市天工开物文化研究会．天工开物文化研究论文集［C］．2011.5.

［5］谢禾生．论《天工开物》科学思想中的实学精神［A］．新余市天工开物文化研究会．天工开物文化研究论文集［C］．2011.5.

［6］林南、严小平．《天工开物》的实学思想及其当代运用［A］．新余市天工开物文化研究会．天工开物文化研究论文集［C］．2011.5.

［7］杨维增．宋应星，中国 17 世纪的科技先驱［A］．丘亮辉．《天工开物》研究［C］．北京：中国科学技术出版社，1988：45－52.

［8］严小平．天工开物文化生态哲学与当代生态文明［A］．天工开物文化研究论文集．新余市天工开物文化研究会［C］．2011.5.

［9］邹江花、钱传宇、张向明、严小平．"天工开物文化"品牌的发掘与传承［A］．新余市天工开物文化研究会．天工开物文化研究论文集［C］．2011.5.

［10］丘亮辉．《天工开物》研究纪念宋应星诞辰四百周年文集［C］．北京：中国科学技术出版社，1988.

［11］王建成．巧夺《天工》《气》贯山河——宋应星在分宜［A］，见中国人民政治协商会议江西省分宜县委员会文史资料委员会编．分宜文史资料：第 3 辑［C］．1991，12：121－125.

［12］王英．宋应星与汀州［J］．炎黄纵横，2015（12）：19－20.

［13］杨维增．论"天工开物"的本义及其认识论价值［J］．中山大学学报（社会科学版），1991（2）：47－54.

［14］张和平．晚清社会的经济与人文［J］．中国社会经济史研究，1993（1）：39.

［15］甘泉．"天工开物"时代新余经济发展状况和《天工开物》在新余成书的历史条件［J］．新余学院学报，2018（6）：15－18.

［16］王生平．宋应星的"物质不灭"思想［J］．复印报刊资料（中国哲

学史），1983（1）：95—120.

[17] 贺世宇.《天工开物》的技术观及其职教意义 [J]. 职教论坛，2016（28）：87—90.

[18] 高雪荣，胡皓. 论生态哲学思想及其现实意义 [J]. 开封教育学院学报，2019（7）：21—22.

[19] 卢风. 农业文明、工业文明与生态文明——兼论生态哲学的核心思想 [J]. 理论探讨，2021（6）：94—101.

[20] 鲁枢元. 生态哲学：引导人与自然和谐共处的世界观 [J]. 鄱阳湖学刊，2019（1）：5—11.

[21] 谭文武，刘勇，周小红. 天工开物文化对新余市新兴产业发展的探讨 [J]. 经贸实践，2017（1）：35，37.

[22] 谢禾生，王鹏."天工开物文化"与城市主题文化的构建：以新余为例 [J]. 人民论坛，2012（26）：186—187.

[23] 黄梦君."天工开物"非物质文化遗产文创产品的开发策略研究 [J]. 文艺生活（文艺理论），2020（1）：169.

[24] 王雪，袁琳.《天工开物》中的明代工艺文化 [J]. 兰台世界，2015（7）：149—150.

[25] 舒利香. 日用即道——《天工开物》之造物思想 [J]. 炎黄地理，2021（8）：8—11.

[26] 舒利香.《天工开物》造物的文化意蕴探析 [J]. 南昌工程学院学报，2021（5）：64—67，77.

[27] 舒利香. 论《天工开物》中的造物实用观 [J]. 喜剧世界（下半月），2020（9）：35—36.

[28] 舒利香. 工艺文化视域下《天工开物》文献价值研究 [J]. 艺术品鉴，2018（29）：11—12.

[29] 陈仲先.《天工开物》设计思想研究 [D]. 武汉理工大学硕士学位论文，2008.

[30] 李雪艳.《天工开物》的明代工艺文化 [D]. 南京艺术学院硕士学位论文，2012.

[31] 袁冰欣. 宋应星自然观研究 [D]. 哈尔滨师范大学硕士学位论文，2022.

[32] 刘东明. 宋应星哲学思想研究 [D]. 湘潭大学硕士学位论文，2011.

［33］王劲．"天人合一"的审美理念和生态哲学意蕴［D］．哈尔滨工业大学硕士学位论文，2010.

［34］彭清勇．新余市职业教育发展研究［D］．江西财经大学硕士学位论文．2016.

［35］周少林．江西省新余市民办职业教育机构发展战略初探——兼论江西中山电子计算机专修学院发展战略［D］．复旦大学硕士学位论文，2005.

［36］季越．马克思主义生态观视域下生态文明城市建设研究——以聊城为例［D］．聊城大学硕士学位论文，2021.

［37］李雪艳．《天工开物》的明代工艺文化：造物的历史人类学研究［D］．南京艺术学院博士学位论文，2012.

［38］詹凯．曲成而不遗——《天工开物》造物思想的核心价值［D］．中国艺术研究院博士学位论文，2009.

［39］李绍义．宋应星知亳州［N］．亳州晚报．2020.01.03.

［40］周敏生．《天工开物》与"工匠精神"［N］．江西日报，2017.02.24.

［41］郑少忠．惟新在余话新余［N］．中国城市报，2022.04.11.14.

［42］吕件根，高浪．新余：建立林长制实现林长治［N］．新余日报，2020.12.09.01.

［43］佚名．倾力打造宜居生态城——市第六次党代会以来成就回眸之三［N］．新余日报，2011.08.22.

［44］陈玉霞．新余："山水美市"是这样炼成的［N］．新余日报，2018.09.25．第01版.

［45］谢坤．天工大道开物创新——新余工业基因的千年传承［N］．新余日报，2017—01—20.

［46］习近平．论坚持人与自然和谐共生［EB/OL］．新华社．（2022—01—28）［2022—07—10］．https：//baijiahao. baidu. com/s? id＝1723197316169429599＆wfr＝spider＆for＝pc，2022—01—28.

［47］包存宽．全面加强生态文明建设，坚持走中国式现代化新道路［EB/OL］．光明网．（2021—11—11）［2022—07—11］．https：//theory. gmw. cn/2021—11/11/content＿35301683. htm.

［48］新余市委办公室、新余市民生工作办公室、赵春亮、凌厚祥．"幸福江西"的新余实践——新余市全面建设社会主义现代化民生城市纪实［EB/OL］，九江视听网．（2022—06—25）［2022—7—15］．https：//www. 163. com/dy/article/HAN08OOC0514AQCL. html.

［49］江西新余市简介，新余旅游景点介绍（江西5市进入全国民富实力百强市）［EB/OL］.（2023－05－24）［2024－05－28］. https：//bk. jiuquan. cc/html－2236/.

［50］东莞到新余市物流专线，东莞到新余物流公司［EB/OL］.（2022－12－18）［2024－05－28］. 天南物流. https：//www. tn56. com/huadong/2060. html.

［51］傅抱石——现代国画大师傅抱石，傅抱石简介，傅抱石主要作品［EB/OL］.（2014－08－16）［2024－05－28］. 我爱画画网. http：//m. woaihuahua. com/baike/huajia/jindai/609. html.

［52］蒋国珍（全国最美乡村教师、优秀共产党员）［EB/OL］.（2019－11－12）［2024－05－28］. 名人百科. https：//www. taomingren. com/baike/13271.

［53］习凿齿［EBOL］.（2024－04－02）［2024－05－28］. 百度百科. https：//baike. baidu. com/item/％E4％B9％A0％E5％87％BF％E9％BD％BF/1694079？fr＝ge＿ala.